W0211137

Heide Haßkerl

Schätze aus dem Bauerngarten

Heide Haßkerl

Schätze aus dem Bauerngarten

Alte Kulturpflanzen:
Anbau, Geschichte, Vegetarische Rezepte

pala verlag

Meinem Vater in memoriam

Inhalt

»Man kann nicht dagegen sein,
dass Neues erstrebt wird.
Man sei aber vorsichtig
bei der Zerstörung des Alten!«

(Peter Rosegger)

Geschmacksvielfalt statt Normgemüse

Die Idee zu diesem Buch

Eigentlich sollten hierzulande die Wünsche der Verbraucher und deren Interessen ebenso verschieden sein, wie sich auch Klima, Böden und die Kultur grundlegend unterscheiden. Aber dem ist anscheinend nicht so. Der Produktionszuwachs und der dementsprechend gestiegene Absatz von Fertig-Produkten für die schnelle Küche zu Hause sowie der Anstieg der Klientel der »Fast-Food-Restaurants«, die auch in Zeiten von BSE keine deutlichen Geschäftseinbrüche zu verzeichnen haben, zeigen, dass Wünsche und Interessen auf dem Gebiet der Lebensmittel immer mehr übereinstimmen.

Mitverantwortlich für diesen seltsamen Zeitgeist könnte der Medienbetrieb sein, der das »neue Lebensgefühl« verbreitet, grenzenlose Freiheit und Wohlstand propagiert. Dass diese Freiheit keine ist, leuchtet bei näherer Betrachtung ein, und dass Wohlstand sich nur in schwarzen Zahlen auf dem Konto abzeichnet, ist auch eine nicht mehr ganz junge Lüge. Schon Berthold Brecht brachte seinerzeit zum Ausdruck, dass der Mensch sowieso irgendwann einmal sein Geld fressen kann! Natürlich bekommt man beim Verzehr des Geldes kein befriedigendes Sättigungsgefühl, natürlich sind die vielen Stunden vorm Fernsehgerät nicht mit wahrer Freiheit gleichzusetzen. Klar, welches Ziel sich hinter dieser geschickten Manipulation verbirgt …

Aus den neuen Lebensgewohnheiten und dem Lebensgefühl der modernen Gesellschaft resultiert nicht zuletzt auch die Akzeptanz einer Lebensmittelindustrie, die ihren Anfang bereits mit dem Beginn des Agrarbusiness Anfang der 60er-Jahre genommen hat. In deren Folge ging immer mehr der Bezug zur Natur verloren und fast unbemerkt verschwanden gleichzeitig viele sicher wichtige Pflanzen.

Der Naturschutzbund Deutschland (NABU) spricht davon, dass innerhalb der letzten 100 Jahre 75 % der Kulturpflanzen verloren gegangen sind. Das bedeutet, dass drei von vier Sorten bereits unwiderruflich aus der Landschaft verschwunden sind (über das gleichzeitige Verschwinden von Insekten oder anderen Tieren dürfen Vermutungen angestellt werden – auch hier bringen Recherchen schnell Ernüchterung!). Von diesem Schwund sind nicht nur Wildpflanzen, sondern auch viele Kulturpflanzen, die über viele Jahrhunderte hinweg liebevoll auf klimatische Besonderheiten, Geschmack, Aromen- und Formenvielfalt hin gezüchtet wurden, betroffen. Sie schrumpften zu wenigen Hochleistungssorten zusammen, die nur noch nach Ertragseigenschaften bewertet werden. Ein trauriges Bild!

Dabei war die Vielfalt einmal gewaltig, in der heutigen Zeit schon teilweise unvorstellbar. Es soll noch vor weniger als 100 Jahren über 1000 Sorten Bohnen gegeben haben, Tomaten in Formen, Farben und Geschmäckern jenseits der Vorstellungskraft, Kürbisse in ungeahnten Formen und Farben. Allein 2000 verschiedene Apfelsorten werden für Deutschland vermutet. Leider ruhen die meisten davon in den Genbanken. Während der Kartoffelausstellung 1875 in Altenburg/Thüringen gab es beispielsweise 2644 verschiedene Sorten Kartoffeln zu bewundern. Auch ihr Schicksal verläuft sich in dem konservierenden Spiritus der Genbanken.

Wenn man die »Vielfalt« der heutigen Zeit dagegen hält: Derzeit werden etwa 25 Apfelsorten im Erwerbsanbau als Tafelobst angebaut. Davon werden etwa sieben Sorten (Boskoop, Cox Orange, Golden Delicious, Elstar, Gloster, Jonagold, Granny Smith) bevorzugt vom Handel angeboten. Weiterhin hat die Gen-Erosion auch unter der stattlichen Anzahl der Kartoffelsorten gewütet. Es blieben noch etwa 50 verschiedene Sorten übrig (Industriekartoffeln zur Stärkegewinnung inbegriffen), von denen etwa 25 noch für Erwerbszwecke angebaut werden.

Die Gründe für den drastischen Rückgang der Arten- und Sortenvielfalt liegen größtenteils in der Industrialisierung der Landwirtschaft. Die »Negerkartoffeln« beispielsweise, die auch gern mit dem Zusatz »Trüffel« versehen werden –, die aus gutem Grund in Feinschmeckerrestaurants für viel Geld zu haben sind – fielen in Ungnade, da sie den Erdklumpen des Ackers ziemlich ähnlich sind und aus diesem Grund nur schwierig oder nicht mit einer Kartoffelerntemaschine geerntet werden können. Ich habe festgestellt, dass sie tatsächlich auch etwas schwerer sind als ihre blassen Verwandten und dass sie den Mäusen des Feldes ganz besonders gemundet haben, da sie sich ausnahmslos an diesen labten.

Anderen Gemüsen erging es ähnlich. Denken wir nur an das Schicksal der Tomate, die in unseren Tagen mehr einem roten Tennisball gleicht und dank moderner Züchtungsarbeit einen Sturz aus über 1 m Höhe unbeschadet verkraften und somit maschinell geerntet werden kann. Dass der Geschmack der roten Frucht dabei zu kurz kommt, wissen nicht nur die Anhänger der Slow-Food-Bewegung, die den Produkten der Agrarfabriken den Rücken gekehrt haben und naturnah produzierte Delikatessen aus der Region bevorzugen.

Wenn auch Sie lieber wissen wollen, was Sie täglich zu sich nehmen, dann sind Sie auf dem besten Weg, da Sie genau auf Ihre Nahrung achten und den Verheißungen der Lebensmittelindustrie skeptisch gegenüberstehen.
Wenn Sie dann auch noch die Möglichkeit nutzen und auf Ihrem Balkon einen eigenen Kräutergarten anlegen oder einige Tomatenpflanzen in Kübeln halten, gar einen Garten bepflanzen, werden Sie sehr schnell erfahren, dass natürlich produzierte Lebensmittel durch keine künstlichen Aromen imitiert werden können und dass ein bisschen Bewegung im Garten hier und da Ausgleich für so manche Stunde bei der Arbeit schafft und obendrein jugendlich und gesund erhält.

Warum in diesem Buch aber gerade die gefährdeten, historischen Kulturpflanzen und nicht die Gemüse generell im Vordergrund stehen, ist schnell erklärt: Ihre Kultur ist eine Form des Widerstandes, sie tragen deutlich zum Erhalt der Vielfalt bei, sind obendrein nicht nur ungemein schmackhaft, sondern dank der vielen sekundären Pflanzenstoffe auch noch urgesund. Außerdem kann man gerade bei ihnen vor einer eventuellen Genmanipulation sicher sein.
Dass dies kein leeres Gerede ist, wird am Beispiel der Pastinake deutlich. Sie war noch vor einigen wenigen Jahren nur in Kennerkreisen bekannt; das Saatgut bekam man in einem guten Fachgeschäft mit einem mitleidigen Lächeln ausgehändigt. Mittlerweile steht sie auf jeder Einkaufsliste der Gourmets und in den Vereinigten Staaten wird sie unter den Delikatessen eingeordnet. Dabei ist sie nicht nur unglaublich aromatisch, sondern auch ausgesprochen gesund: Pastinake soll beispielsweise das Einschlafen fördern, Magenschmerzen und Verdauungsbeschwerden lindern oder bei Blasen-, Nieren- und Steinleiden hilfreich sein. So könnte es passieren, dass sie auch hierzulande zum »Renner« wird. Dass sie, nebenbei gesagt, mit Unkraut und längeren Trockenzeiten gut zurechtkommt, kaum Schädlingsbefall hat und dementsprechend selbst im konventionellen Landbau ohne viel Chemie auskommen würde, sollte vielleicht an entsprechender Stelle einmal vorgetragen werden.
Ähnlich ergeht es der Gartenmelde. Sie wurde 1999 nicht umsonst zur »Pflanze des Jahres« gekürt, »Melde«-Pflicht besteht für jeden Garten!
Andere historische Kulturpflanzen finden ebenfalls so peu à peu ihren Weg zurück auf unsere Teller. Nehmen wir als letztes Beispiel den Portulak. Seine gesundheitsfördernden Eigenschaften machen ihn neben dem feinen Geschmack zu einer gar köstlichen Medizin. Moderne Wissenschaftler haben

ihm faszinierende Wirkungen auf Herz und Kreislauf nachgesagt, ja, ihn zu einem »Herztonikum« gestempelt. Leider gibt es viel zu wenig Rezepte im Umgang mit ihm, wissen zu wenig Menschen von dieser beachtlichen Wirksamkeit.

Ich bemühe mich schon seit Jahren um die »alten Kulturpflanzen« und möchte in diesem Buch die Geschichte dieser Pflanzen sowie deren Kultur erläutern. Neben Empfehlungen für Aussaat und Ernte wird mit einfachen Worten erklärt, worauf bei der jeweiligen Pflanze besonders zu achten ist und welcher Ertrag erwartet werden kann. Samengewinnung, Lagerung der Pflanzen, Tipps für die Konservierung fehlen ebenfalls nicht.
Abgerundet werden diese Informationen durch vollwertige, vegetarische Rezepte. Denn Gärtnern macht erst wirklich Spaß, wenn die Ernteprodukte schmackhaft zubereitet auf den Teller wandern.

Zum Stand der Gentechnik

Jahre, bevor Tierseuchen und Lebensmittelskandale Unsicherheit und Angst unter die Bevölkerung brachten, gab es mit der Entwicklung der Gentechnik eine gleichermaßen beängstigende Entwicklung auf dem Lebensmittelmarkt. Der Grundstein hierfür wurde bereits vor 20 Jahren in den USA gelegt. Im Land der unbegrenzten Möglichkeiten wurde das erste Patent auf ein gentechnisch verändertes Bakterium erteilt und damit wurde eine Lawine ausgelöst. Mittlerweile liegen auf allen gentechnisch veränderten Pflanzen oder Tieren Patente, die dadurch zum alleinigen Eigentum großer multinationaler Konzerne wurden. 35 Firmen kontrollieren inzwischen über die Hälfte des Saatgutmarktes. Diese Firmen vertreiben neben dem Saatgut auch Düngemittel und Pflanzenschutzmittel. Der Konzentrationsprozess wird in den nächsten Jahren durch die Ausweitung der Gentechnik vermutlich noch weiter voranschreiten.
Welche Auswirkungen diese Entwicklung auf die Landwirtschaft hat, hat sich in den USA bereits gezeigt: Die Nutzung eines Teils der Ernte für die Aussaat des nächsten Jahres ist bei patentgeschützten Sorten verboten. Saatzuchtunternehmen müssen Lizenzgebühren bezahlen und vor der Weiterzüchtung muss der Patenthalter zunächst ausdrücklich zustimmen. Natürlich wird die strikte Einhaltung der Verordnungen überprüft. So werden beispielsweise aus Helikoptern heraus verdächtige Rapsfelder mit Herbiziden besprüht. Sind nach wenigen Tagen nicht alle Pflanzen abgestorben,

sondern bleiben noch grüne Rapspflanzen stehen, ist dies ein Zeichen, dass die Pflanzen über die gentechnisch hergestellte Herbizidtoleranz verfügen. Drakonische Strafen drohen bei Zuwiderhandlung, die in Form empfindlicher Geldbußen den Landwirt in den Ruin treiben können.

Über Jahrhunderte haben größtenteils Frauen aus der Landbevölkerung Pionierarbeit auf dem Gebiet der Saatgutauslese geleistet. Nur ihrem Wissen verdanken wir, was heute auf den Feldern wächst: Obst, Gemüse, Getreide, Wurzeln und Knollen. Wer allerdings dieses Kultur- und Allgemeingut letztendlich der Weltbevölkerung entzog und es unter die Schirmherrschaft einiger weniger Konzerne stellte, ist nicht mehr nachvollziehbar. Die Begründung, warum überhaupt genetisch verändertes Material produziert werden muss, ist unter objektiven Gesichtspunkten betrachtet eigentlich lachhaft, wenn die Thematik nicht so bitter wäre. Die Genmanipulation verfolgt nur ein Ziel: die Ertragssteigerung! Das Argument, dass der Pestizideinsatz durch den Einsatz solcher Pflanzen verringert würde, konnte ersten Untersuchungen, die vom World Wildlife Found for Nature (WWF) Kanada veröffentlicht wurden, nicht standhalten. Einer Mitteilung des WWF zufolge haben Landwirte, die Gentech-Pflanzen anbauen, den Verbrauch von Herbiziden und Insektiziden zum Teil sogar erhöht.

Hybriden – das Tor zur Genmanipulation

Hybridsorten sind nur für ein Anbaujahr geeignet. Bei der Hybridzüchtung werden zwei Inzuchtlinien durch erzwungene Selbstbefruchtung miteinander gekreuzt. Bis wirklich reinerbige Pflanzenlinien geschaffen werden, vergehen bei einjährigen Kulturen sechs Jahre, bei den zweijährigen sind es dann dementsprechend 12 Jahre. Das Ergebnis ist die F1-Generation.
In der Natur wäre, um keine Missverständnisse aufkommen zu lassen, diese »Paarung« nicht möglich, da die meisten Kulturpflanzen Fremdbefruchter sind, außerdem wird Inzucht weitestgehend vermieden. Hybriden entstehen also nicht auf natürlichem Weg, sondern immer in Laboratorien. Die Methoden, die bei der Hybridzucht angewendet werden, sind denen der Genmanipulation ziemlich ähnlich. Allerdings spricht man hier nicht von genetischer Manipulation, sondern von Biotechnologie, obwohl auch bei einem Teil dieser Pflanzen das Erbmaterial verändert wird.
Hybriden neuerer Züchtung sind zu 100 % steril, das heißt, sie werden kaum oder gar nicht blühen, und falls es doch zur Samenbildung kommt, werden

diese »Samen« unfruchtbar sein. Was das für Folgen nicht nur für die Dritte Welt haben wird, ist schon jetzt abzusehen: Hunger, wie wir ihn wahrscheinlich noch nie erfahren haben, weil diese Pflanzen wie auch die genmanipulierten Pflanzen zur totalen Abhängigkeit von den multinationalen Konzernen führen. Seminis, einer der größten multinationalen Gemüsezüchter, hat kürzlich übrigens 2000 samenfeste Sorten von der offiziellen Sortenliste der EU streichen lassen.

Neben dieser sich abzeichnenden Abhängigkeit von wenigen Saatgutproduzenten spricht aber auch der bisher viel zu wenig beachtete Qualitätsmangel gegen den Anbau von Hybriden. Auf dem Feld oder im Garten mögen sie sich kaum von samenfesten Sorten unterscheiden. Verschiedene Untersuchungen haben aber inzwischen gezeigt, dass samenfeste Sorten in der Regel besser schmecken, ein besseres Reifevermögen haben und mehr wertvolle Inhaltsstoffe wie Mineralstoffe oder sekundäre Pflanzenstoffe vorweisen können. Außerdem wurde ihnen bei Vergleichstests bescheinigt, dass sie sich besser lagern lassen.

Hybridsorten dagegen sind unreif, altern schnell, bilden häufig krankhafte Verhärtungen im Gewebe und weisen keinen typischen Geschmack mehr auf. Die Haltbarkeit ist außerdem auf ein Mindestmaß geschrumpft. Bedingt durch das schnelle Reifen und frühe Absterben (Hybriden zeigen kaum einen Reifevorgang, sondern sterben abrupt ab, ein Vorgang der in der konventionellen Landwirtschaft noch durch das Besprühen mit einer chemischen Lösung beschleunigt wird, damit die Ernte noch früher abgeschlossen ist!) werden viele natürliche Vorgänge in den Pflanzen ebenfalls vor der Vollendung abgebrochen.

Eine Hybridmöhre sieht zwar wie eine Möhre aus, allerdings ergibt die Analyse, dass dieses Gebilde in der Tat nur eine möhrenähnliche Wurzel ist. Sollte das Ergebnis der Analysen anderer Hybridenpflanzen ebenso Besorgnis erregend ausfallen, wird die parallele Entwicklung des »Functional Food« erst verständlich.

Designer Food macht's möglich

In jüngster Vergangenheit sind die Wissenschaftler darum bemüht, »Funktionelle Lebensmittel« zu entwickeln. Diese sollen neben Sättigung und Versorgung des Körpers mit allen lebensnotwendigen Stoffen einen zusätzlichen gesundheitlichen Nutzen bringen – und den Absatz steigern. Dabei werden solche Lebensmittel, die von den Verbrauchern ohnehin als »gesund« bewertet werden, durch eine veränderte Zusammensetzung aufgewertet. Beispielsweise experimentieren Gentechniker mit Spinat, der mehr Folsäure enthält, oder Sojabohnen mit mehr Coenzym Q 10. Außerdem gibt es mittlerweile zahlreiche Milchprodukte, die durch die Verwendung spezieller Bakterienkulturen oder den Zusatz spezieller Kohlenhydrate die Darmflora positiv beeinflussen sollen. Anderen Produkten werden bioaktive Substanzen, beispielsweise Karotinoide, zugesetzt.

Auch mit einer Kartoffel, die vor Durchfall schützt, wurden Züchtungsversuche unternommen. Die Knolle enthält das Erbgut abgeschwächter Durchfall-Erreger, das im menschlichen Körper die Bildung von Antikörpern ankurbeln soll. Einziges Manko: Es kann zu Überdosierungen kommen, da die Stoffaufnahme nur schwer über die Verzehrmenge berechnet werden kann. Zu Risiken und Nebenwirkungen befrage man den Lebensmittelhändler …

Die Lebensmittelindustrie greift geschickt den Trend zu mehr Gesundheitsbewusstsein auf und nutzt diesen für ihre neuen Marketingstrategien. Eine vernünftige vollwertige Ernährung und ein gesundes Maß an Bewegung gilt als sicherer Weg zur Erhaltung eines gesunden Körpers und Geistes. Schneller und leichter geht's aber mit Designer Food, so die Botschaft.

Den Verbrauchern werden auf diesem Weg die Produkte aus der Experimentierküche der Lebensmittelindustrie schmackhaft gemacht. Belege für die Wirksamkeit stehen in vielen Fällen aber aus. Unklar ist beispielsweise, ob isolierte sekundäre Pflanzenstoffe wie Karotinoide oder Flavonoide wirken, wenn sie aus ihrem natürlichen Zusammenhang herausgelöst werden. Auch über mögliche Nebenwirkungen liegen bislang wenig Aussagen vor. Problematisch könnte beispielsweise eine überhöhte Zufuhr an antioxidativen Substanzen durch so genannte »ACE-Getränke« sein, oder die vermehrte Aufnahme von Omega-3-Fettsäuren durch Erfrischungsgetränke oder Brot. Vielfach sind natürliche Lebensmittel außerdem deutlich wirkungsvoller als die funktionellen Lebensmittel: Orangen- oder roter Traubensaft enthalten beispielsweise mehr Antioxidantien als ACE-Getränke.

Aus der Apotheke der Natur

Sekundäre oder bioaktive Pflanzenstoffe kommen in Obst, Gemüse, Getreide, Kartoffeln, Hülsenfrüchten sowie in fermentierten Lebensmitteln vor. Für die Pflanzen sind sie zum Schutz gegen Schädlinge oder UV-Strahlung und zur Regulation des Wachstums wichtig, außerdem sorgen sie für Farbe und Aroma.

Auch für den menschlichen Organismus haben sie viel zu bieten. Im Gegensatz zu den primären Pflanzenstoffen, beispielsweise Kohlenhydrate, Fette, Eiweiße, wirken sie nicht als Nährstoffe, sondern haben eine pharmakologische Wirkung. Dabei genügen meist schon kleinste Mengen dieser chemisch sehr unterschiedlichen Verbindungen. Sie sollen unter anderem das Krebsrisiko senken (antikanzerogene Wirkung), die Bildung freier Radikale oder anderer schädigender Moleküle hemmen (antioxidative Wirkung), das Immunsystem stärken (immunmodulierende Wirkung) und vor Infektionen mit Pilzen, Bakterien und Viren schützen (antimikrobielle Wirkung). Darüber hinaus senken bestimmte Wirkstoffe den Cholesterinspiegel oder beeinflussen den Blutzuckerspiegel positiv.

Viele sekundäre Pflanzenstoffe sitzen vor allem unter der Schale und in den Randschichten und sind außerdem hitzeempfindlich. Bei der Verarbeitung der Pflanzen können viele wertvolle Stoffe verloren gehen. Besonders empfehlenswert ist es daher, Obst und Gemüse häufig roh zu essen und gründlich zu waschen, statt sie zu schälen.

Da gleichzeitig auch eventuell vorhandene Rückstände von Pestiziden aus der Landwirtschaft vornehmlich in den Randschichten sitzen, versteht es sich von selbst, dass ökologisch produzierte Lebensmittel den konventionell erzeugten vorzuziehen sind.

Bioaktive Substanzen kommen nur in Pflanzen und in sehr unterschiedlichen Mengen vor. Menschen mit »normalen« Verzehrgewohnheiten nehmen täglich schätzungsweise 1,5 g sekundäre Pflanzenstoffe zu sich. Vegetarier können leicht auf das Doppelte kommen.

Schätzungen gehen von 60.000 bis 100.000 sekundären Pflanzenstoffen aus. Bislang wurden aber noch nicht einmal 10 % der auf der Erde vorkommenden Pflanzen analysiert.

Die mangelnde Nahrungsqualität der Hybridsorten ist auch unter diesem Aspekt bedenklich. Denn bislang lässt sich nur erahnen, dass mit dem niedrigeren Trockensubstanzgehalt und dem schlechteren Reifevermögen auch viele bioaktive Substanzen auf der Strecke bleiben.

Wichtige bioaktive Substanzen im Überblick

Karotinoide sind Farbstoffe, die vor allem in gelben, orangefarbenen und roten Pflanzen, aber auch in vielen grünblättrigen Gemüsen enthalten sind. Sie können antioxidativ, antikanzerogen und immunmodulierend wirken und den Cholesterinspiegel senken.

Polyphenole kommen besonders in den Randschichten von frisch geerntetem Obst, Getreide und Gemüse vor. Hier ist der Gehalt bei Pflanzen aus dem Freilandanbau deutlich höher als bei Gewächshauskulturen. Zu diesen Substanzen zählen viele Farb-, Geschmacks- und Geruchsstoffe. Sie wirken antikanzerogen, antimikrobiell, immunmodulierend, antioxidativ, entzündungshemmend und können Blutdruck und Blutzuckerspiegel positiv beeinflussen.

Saponine: Am leicht bitteren Geschmack (Hülsenfrüchte, Spinat oder Getreide) oder bitteren Geschmack (Löwenzahn, Chicorée) zu erkennen. Sie können eine antikanzerogene, antimikrobielle, cholesterinsenkende und immunmodulierende Wirkung haben.

Phytosterine: Sie sind das pflanzliche Gegenstück zum Cholesterin tierischer Produkte. Sie befinden sich überwiegend in Pflanzensamen und -ölen, etwa in Sojabohnen, Getreidekeimen oder Nüssen. Sie tragen zur Senkung des Blut-Cholesterinspiegels bei.

Phytoöstrogene sind in Soja- und Vollkornprodukten, aber auch in Leinsamen enthalten. Sie haben antikanzerogene und antioxidative Wirkungen.

Phytinsäure kommt reichlich in Hülsenfrüchten und den Randschichten von Getreide vor. Sie soll antikanzerogen wirken und den Blutzuckerspiegel positiv beeinflussen.

Sulfide stecken in fast allen Zwiebelgewächsen wie Knoblauch, Zwiebeln oder Porree. Die schwefelhaltigen Stoffe wirken antikanzerogen, antimikrobiell, antioxidativ und entzündungshemmend, auch beeinflussen sie den Blutdruck, die Blutfette und das Immunsystem positiv.

Ökologische Saatgutzüchtung

Leider ist der Einsatz von Hybriden auch im ökologischen Landbau alltäglich geworden. Bislang sind die Landwirte weitgehend darauf angewiesen, konventionelles Saatgut zu verwenden. Allerdings sind nur wenige Sorten wirklich für den ökologischen Landbau geeignet. Außerdem hat sich gezeigt, dass die schlechtere Nahrungsqualität der Hybridsorten auch durch kontrolliert biologischen Anbau nicht verbessert werden kann.
Allerdings hat hier die Aufklärungsarbeit schon gefruchtet; so hat beispielsweise der »Demeter«-Verband den Anbau von Roggenhybriden untersagt. Dieses Verbot macht aber nur Sinn, wenn es eine Ausweichmöglichkeit auf dem Saatgutsektor gibt und eigene Sorten für den Ökolandbau entwickelt werden.
Die »Zukunftsstiftung Landwirtschaft« versucht in Kooperation mit Landwirten und anderen Institutionen einen Pool dieser »Ausweichmöglichkeiten« zu erarbeiten. Sie unterstützt Züchter und Bauern in ihrem Bestreben, neue Sorten für die ökologische Landwirtschaft zu entwickeln. Sorten, die nicht nur auf Ertrag getrimmt sind, sondern die durch Geschmack, Ernährungsqualität und harmonisches Wachstum überzeugen, frei von Gentechnik und Hybridenzüchtung. Mit der Einrichtung eines Saatgutfonds will diese Stiftung verhindern, dass der Bio-Landbau (weiterhin) vom konventionellen Saatgutbetrieb abhängig ist.
Mittlerweile arbeiten rund 20 ökologische Gemüsezüchter und fünf Getreidezüchter an über 100 Sorten. 29 Sorten, von Möhren über Paprika bis zu Spinat, wurden vom Bundessortenamt zugelassen.

Das Saatgutverkehrsgesetz – ein Gesetz wider die Artenvielfalt

Der tatsächliche Grund, warum es überhaupt Hybriden gibt, ist das Fehlen eines Sortenschutzgesetzes in den USA. Damit das Saatgut nicht zur Raub- oder Handelsware wurde, wurde diese Methode des Patentschutzes entwickelt. In Europa ist dagegen im Sortenschutzgesetz das Züchterrecht verbrieft, so dass es eigentlich keiner Hybridzüchtung bedurfte.
Nach diesem Gesetz darf nur Saatgut von amtlich zugelassenen Sorten in den Verkehr gebracht werden. Dazu gehören nur solche Kulturpflanzen, die ertragreich und virenresistent sind und den gängigen Industrie- und Handelsnormen entsprechen. Alte Sorten fallen in den seltensten Fällen darun-

ter, so dass sie von den offiziellen Listen gestrichen wurden. Ein Großteil dieser Pflanzen wird in den Genbanken aufgefangen und darf nicht mehr weitergegeben werden – weder gegen Geld noch gratis. Wer gegen das Gesetz verstößt, begeht eine Ordnungswidrigkeit und muss mit einer Geldstrafe in vier- bis fünfstelliger Höhe rechnen.

Allerdings macht das Saatgutverkehrsgesetz eine Ausnahme und legitimiert die Weitergabe zu Züchtungs-, Forschungs- oder Ausstellungszwecken. Diese Ausnahme bildet das »Hintertürchen«, das den Vereinen, die sich um den Erhalt alter Sorten bemühen, zur Verfügung steht, damit diese ohne Strafverfolgung arbeiten können; Privatpersonen profitieren ebenfalls von dieser Lösung. Wenn dieser juristische Behelf auch für alle Beteiligten höchst unbefriedigend ist, so sichert er doch den Erhalt der alten Kulturpflanzen.

Wesentlich problematischer ist, dass dieses Gesetz nicht zwischen Kommerz und Hobby, zwischen »konventionell« und »ökologisch« unterscheidet. Der ökologische Landbau benötigt eine Sortenvielfalt, die grundverschieden von dem konventionellen Landbau ist. Durch das bestehende Gesetz ist eine erfolgreiche Selektion und Züchtung sowie die Zulassung neuer, auf den ökologischen Landbau abgestimmter Sorten fast unmöglich. Bei Getreide kostet die Prüfung und Anmeldung einer Sorte zur Zeit (Stand 2002) 15.000 €, bei Gemüse 1.500 €.

Auch die Bedürfnisse der selbstversorgenden Hausgartenbewirtschafter werden durch das Saatgutverkehrsgesetz nicht berücksichtigt. Deren Interessen unterscheiden sich stark von denen einer Erwerbsgärtnerei (keine Schwemme, vielmehr wird eine kontinuierliche Ernte über einen langen Zeitraum angestrebt). Es wird neuerdings zwar für die Erhaltung genetischer Ressourcen in so genannter »On-Farm-Haltung« plädiert. Doch ist scheinbar noch keiner der EU-weit diskutierenden Fachleute auf die nahe liegende und einfache Lösung gekommen, die regionale Kulturpflanzenvielfalt wie vor 100 Jahren wieder in die Hände erfahrener Gärtner und Gärtnerinnen zu legen. Denn unter solchen Bedingungen könnte der Evolution wieder die Möglichkeit gegeben werden, sich auf natürlichem Wege weiterzuentwickeln.

Gerade die historischen Gemüsepflanzen sind für Hobbygärtner und Selbstversorger interessant, da sie nach dem Säen ungleichmäßig aufgehen. Deswegen zieht sich die Ernte bei diesen Pflanzen über einen wesentlich längeren Zeitraum hin, fallen die jeweils zu erntenden Mengen verarbeit- und konsumierbar aus.

Im Erwerbsanbau stellt dieser Vorteil einen Nachteil dar, da ein Feld mit einem Mal abgeerntet werden muss. Parallel zur gewerblichen Saatgutzucht wurde auf die Entwicklung von »Hausgartenkulturen« wohlweislich verzichtet. Moderne Sämereien gehen gleichmäßig auf, so dass sich im Hobby- oder Selbstversorgergarten zeitweise beängstigende Szenen zur Erntezeit abspielen und manch Gärtnernder plötzlich Sklave einer Flut zu verdauender und konservierender, erntereifer Gartenfrüchte wird.

Alte Kulturpflanzen – Lust statt Frust

Dass unter solchen Bedingungen die Lust auf Gemüse aus dem eigenen Garten ganz schnell in Frust umschlägt, wundert niemanden. Dabei bräuchten diese sich alljährlich wiederkehrenden Gemüseschlachten beim Einsatz historischer Gemüse und Verzicht auf Hybridensaatgut nicht ausgestanden zu werden. Gerade die alten Kulturpflanzen sind das Erbe der »Hausgartenkultur« und stammen aus einer Zeit, in der es noch ganz selbstverständlich war, die Gemüse des täglichen Bedarfs im eigenen Garten zu kultivieren. Diese Pflanzen sind optimal an die Bedürfnisse der Menschen angepasst, zudem sind sie größtenteils recht unproblematisch in der Handhabung. Sie kommen mit Trockenzeiten gut zurecht, gedeihen meist auch in klimatisch ungünstigen Regionen, vertragen einen relativ starken Beikrautbewuchs gut und leiden seltener und weniger stark unter Schädlingsbefall. Ein weiterer Vorteil ist die relativ unproblematische Samenausbildung alter Kulturpflanzen, so dass die Abhängigkeit von einem Saatgutproduzenten nicht gegeben ist.

Und noch ein Vorteil der alten Kulturpflanzen soll erwähnt werden, der schon so manchen Gärtnernden überzeugt hat: Alte Kulturpflanzen sind nicht nur ein Stück Kultur, ein Stück Geschichte oder Tradition, oft sind sie auch ein Schritt zu sozialer Intaktheit und nachbarschaftlicher Hilfsbereitschaft, sie öffnen Tür und Tor und fördern den Dialog über den eigenen Gartenzaun hinweg.

Zu guter Letzt soll an dieser Stelle noch einmal betont werden, dass gerade die alten Kulturpflanzen herrlich urwüchsig gedeihen. Sie sind so verschieden wie die Mahlzeiten, die sich daraus bereiten lassen und schmecken so, als ob einem der Sommer in seinen vielen Schattierungen auf der Zunge zergeht.

Der Garten – von der Planung zur Aussaat

Gehen lernen ist gar nicht so einfach. Jedenfalls wird das deutlich, wenn Kleinkinder ihre ersten ungeschickten Schritte wagen. Auch Hinfallen und wieder Aufstehen müssen geübt werden.

Natürlich geht auch in einem Garten nichts von allein. Früher war es auch ohne großartige Schulbildung jedem möglich, einen Garten selbstständig zu bewirtschaften, aber da war es auch noch selbstverständlich, dass so ziemlich jeder einen Garten bewirtschaftete.

Mittlerweile ist viel überliefertes Wissen verloren gegangen, so dass sich der Einstieg bisweilen recht kompliziert gestalten kann. Ich denke in diesem Zusammenhang an eine nette Episode mit einer Freundin: Sie wollte Tomaten selbst ziehen und aus eben diesem Grund hatte sie auf meine Empfehlung hin im zeitigen Frühjahr einige Samen in einen Blumentopf gesät. Bei einem Besuch präsentierte sie mir voller Stolz ihren Blumentopf und verwies auf den vermeintlichen »Tomatenschatz« darin: Eine bunte Mischung vieler kleiner Pflänzchen, von denen allerdings keines einem Tomatensamen entsprungen war. Lediglich Beikräuter waren aufgegangen, die sie liebevoll hegte. Woher sollte sie auch wissen, wie Tomatenpflänzchen aussehen, wenn sie aus der Samenschale durch die Erde dem Lichte entgegenbrechen?

Vielen Menschen, die zum ersten Mal Gemüsesamen ausgesät haben, ergeht es nicht anders. Da nützt es auch nicht viel, die Reihen, in denen der Samen ausgesät wurde, zu kennzeichnen, da auch in den Reihen Beikräuter aufgehen werden. Allerdings genügt etwas Beobachtungsgabe und ein wenig Gespür für die Pflanzen, um schnell hinter das Geheimnis der Pflanzenidentität zu kommen. Im Zweifelsfall sollte den Pflanzen Gelegenheit zum Wachsen gegeben werden, da sich die Einordnung mit zunehmender Entwicklung beträchtlich erleichtert.

Sinnvolle Planung als erster Schritt

Bei der Planung kommt es auf den Grad der Selbstversorgung an. Für den Profi ist es selbstverständlich, bei der Bedarfsermittlung neben einer über das ganze Jahr sich erstreckenden Ernte auch den Bedarf seiner Familie an Gemüse während der Winterpause zu berücksichtigen. Bei dem derzeitigen

Preisniveau kann die Vorratshaltung und entsprechende Konservierung durchaus wieder lohnenswert sein. Hier stehen dann Spezialitäten wie Chutney, Ketchup, Essiggemüse, Sauerkraut und milchsauer Vergorenes genauso mit auf dem Speiseplan wie gut lagerfähige Gemüsearten.
Doch bevor sich Vorratsschränke füllen, will das alles erst einmal angebaut werden; ein Garten will fachmännisch gepflegt sein, Aussaatzeiten sind ebenso zu berücksichtigen wie die Wahl des richtigen Pflanzortes, selbst der Platzbedarf für die verschiedenen für den Anbau vorgesehenen Kulturpflanzen ist vorab zu errechnen und – man höre und staune – auch Pflanzenfreundschaften und -feindschaften sollten in dieser Kalkulation berücksichtigt werden.

Außerdem ist die Anlage des Gartens insgesamt zu überdenken:

- Es empfiehlt sich, häufiger genutzte Gemüse und Kräuter so zu platzieren, dass sie auch bei Regenwetter bequem zu erreichen sind.
- Dauerkulturen sollten einen Platz erhalten, an dem sie auch wirklich dauerhaft stehen und sich somit optimal entwickeln können.
- Nicht jede Pflanze verträgt frisch gedüngten Boden, hierauf schon bei der herbstlichen Düngung Rücksicht nehmen und die Standorte aussparen!
- Ist ein Frühbeet geplant, sollte ein Platz im Garten ausgesucht werden, der die Sonneneinstrahlung im zeitigen Frühjahr optimal ausnutzt sowie vor den eisigen Nordwinden geschützt ist.
- Wurde der Garten im Vorjahr schon als Garten genutzt, sollten auf den entsprechenden Flächen nicht hintereinander die gleichen Kulturpflanzen stehen.

Ein maßstabsgetreuer Plan erleichtert den theoretischen Teil der Gartenplanung ungemein. Auf dem Plan lassen sich auch Fehler bezüglich der Unverträglichkeit bestimmter Pflanzennachbarschaften korrigieren.

TIPP

Die Größe des Gemüsegartens wird vom Bedarf des zu versorgenden Haushaltes bestimmt. Selbstversorger sollten 100 m^2 Gartenland je Person einkalkulieren. Werden von einer Fläche mehrere Ernten erzielt, reicht durchaus auch weniger Gartenland aus.

Samenkauf – die Qual der Wahl

Bei der Sortenwahl sollten grundsätzlich die Vorlieben für das eine oder andere Gemüse der Familienmitglieder berücksichtigt werden. Ein Gespräch in der Familie bringt rasch Klärung, wie die Bepflanzung ausfallen soll (Kinder wollen ihre eigene Ecke!). Aber: Wer beispielsweise im sehr umfangreichen Sortenhandbuch des Vereins »Arche Noah« nach »seinem« Gemüse sucht, wird schnell feststellen, dass die Wahl nicht durch das Vermitteln hübsch gestalteter Bilder auf irgendwelchen Samentüten beeinflusst wird, sondern dass einerseits durch die Nennung von klimatischen Besonderheiten/Bodenqualitäten, andererseits aber durch die überwältigende Vielzahl der erhaltenen Gemüsesorten Kopfarbeit gefordert wird. Keine Bange vor Fehlentscheidungen – die Gemüse lassen sich größtenteils problemlos an neue klimatische Bedingungen anpassen. Grundvoraussetzungen für den Anbau sollten lediglich berücksichtigt werden.

Dagegen gestaltet sich der Samenkauf bei den genannten Saatgutfirmen »normal«. Hier helfen gut aufgemachte Kataloge und viele Fotos neben ausführlichen Beschreibungen bei der jeweiligen Entscheidungsfindung.

Damit nachher alles unter Dach und Fach respektive ins Beet, auf die Rabatte oder in den Kübel kommt, müssen schon bei der Sortenwahl auch der ungefähre Verbrauch vor dem Aussäen berechnet werden; ein kleines Problem, wenn nicht auf Erfahrung zurückgegriffen werden kann. Wie viel Saatgut für wie viele Quadratmeter ausreicht, steht größtenteils auf den Samentüten oder im Katalog, allerdings ist über den zu erwartenden Ertrag nichts vermerkt. Oder wissen Sie, wie viele Zucchini Sie in etwa von einer Pflanze ernten können?

Es ist davon auszugehen, dass eine normal portionierte Samentüte für den normalen Verbrauch einer drei- bis vierköpfigen Familie ausreicht! Je nach Sorte bleibt zum Teil sogar noch reichlich Saatgut fürs nächste Jahr oder für nette Gartennachbarn übrig.

Dies trifft allerdings nicht zu, wenn dieses Gemüse häufiger verzehrt oder für die Bevorratung konserviert werden soll oder Ungeziefer bzw. Unwetter Schaden im Bestand angerichtet haben.

Saatgut selbst gemacht

Samengewinnung ist Züchtungsarbeit. Deshalb sollten Samen nur von Pflanzen gewonnen werden, die für die jeweiligen Sorten in Aussehen, Geschmack und Entwicklung typisch sind und waren (typisch bitte nicht mit ungewöhnlich groß verwechseln).
Bei der Samenzucht wird zwischen ein- und zweijährigen Pflanzen unterschieden, außerdem gibt es Pflanzen, die durch die Teilung des Wurzelstockes vermehrt werden können.

Einjährige Pflanzen

Blütebildung erfolgt im ersten Jahr nach der Aussaat, im Anschluss daran erfolgt die Samenbildung.
Von großen, gesunden Pflanzen werden bei trockener Witterung und vollkommener Ausreifung der Samen (färben sich größtenteils dunkel und können zwischen den Fingern nicht zerquetscht werden) nur gesunde, trockene Samen ohne Schädlingsbefall entnommen.
Bei Hülsenfrüchten empfiehlt sich nach dem deutlichen Abwelken der Pflanzen (Braunfärbung) eine Nachtrocknung der Samen. Hierfür werden die Hülsen in einem luftigen Beutel und ganze Pflanzen gebündelt an einem trockenen, luftigen Ort zum Trocknen aufgehängt. Es sollten auch gerade bei Hülsenfrüchten die zur Samengewinnung vorgesehenen Pflanzen nicht beerntet werden!
Die Samen werden kühl, trocken und dunkel aufbewahrt.

Zweijährige Pflanzen

Diese Pflanzen müssen über den Winter gebracht werden. Nur gesunde Pflanzen auswählen, vor dem Einbringen in das Winterquartier die Wasserzufuhr drastisch reduzieren (in einem niederschlagsreichen Herbst müsste sogar ein Regendach für diese Pflanzen konstruiert werden). Es empfiehlt sich, die Pflanzen außerdem möglichst spät einzuquartieren (ehe starke Nachtfröste drohen). An einem kühlen, frostfreien Ort können sie optimal überwintert werden. Dieser Ort kann ein kühler Keller, eine Miete oder die bewährte und tief in den Erdboden eingegrabene »Waschmaschinentrommel« sein.

Im zeitigen Frühjahr werden dann die über den Winter gebrachten Pflanzen in ein vorbereitetes, nicht frisch gedüngtes Saatbeet gebracht. Bald schieben die ersten Blätter und kurz darauf schießen die Blütenstängel empor. Diese sollten an einem Holzstab angebunden und vor dem Abknicken geschützt werden.

Bei den meisten Pflanzen geschieht die Samenreife nach und nach; so sollte auch geerntet werden. Zum Nachtrocknen der kleineren Samen empfiehlt sich ein Ausbreiten auf Küchenpapier.
Weitere, exakte Angaben zur Ernte der Samen und dem Umgang mit ihnen finden Sie zu den jeweiligen Pflanzenporträts, außerdem werden von verschiedenen Saatgutfirmen Seminare zu diesem Thema angeboten; bitte gezielt nachfragen.

Für die professionelle Ernte der Samen im »Kleinbetrieb« gibt es einen »Allesdrescher für Kleinstmengen«, den Botanische Gärten und Genbanken verwenden (Adresse im Anhang auf Seite 170).

Der Überblick über die einzelnen Pflanzen soll Aufschluss über den zu erwartenden Ertrag sowie die jeweiligen Platzansprüche geben (siehe Tabelle auf den folgenden Seiten).

Pflanz- oder Aussaattermin	Januar	Februar	März	April	Mai	Juni	Juli	August	September	Oktober	November	Dezember
Topinambur *Helianthus tuberosus*				●	●				●	●		
Helianthi *Helianthus strumosus*	●	●	●	●					●	●	●	●
Pastinake *Pastinaca sativa*				●	●			●	●			
Zuckerwurzel *Sium sisarum*				●	●	●		●	●			
Haferwurzel *Tragopogon porrifolius*			●	●								
Schwarzwurzel *Scorzonera hispanica*				●								
Sojabohne *Glycine max. Merr.*				●	●							
Dicke Bohne (Puffbohne) *Vicia faba*			●	●	●	●						
Spargelerbse *Tetragonolobus purpureus*					●	●						
Mauswicke *Vicia narbonensis*				●	●							

Pflanzabstand	Erntezeit	Ertrag pro m^2
40 cm × 30 cm	September – April	4 – 6 kg
40 cm × 30 cm	September – April	4 – 6 kg
30 cm × 20 cm vereinzeln	ab Oktober bis Frühjahr	4 – 5 kg
30 cm × 15 cm vereinzeln	das ganze Jahr	1 – 2 kg
20 cm × 20 cm vereinzeln	ab Oktober bis zur Entwicklung der Blüte	1,5 – 2,5 kg
30 cm × 10 cm vereinzeln	Oktober – April	1,5 – 2,5 kg
30 cm × 5 – 8 cm vereinzeln	grün: Mitte August reif: Ende September	1 – 1,5 kg
50 cm × 30 cm 2 – 3 Kerne in ein Pflanzloch	grün: Juli – August trocken: Sept. – Oktober	2 – 3 kg
40 cm × 40 cm	Juli – September	8 – 9 kg
20 cm × 20 cm 3 – 4 Kerne in ein Pflanzloch	September, fällt bei höheren Niederschlägen aus	1,5 kg Bohnen reichlich Blattertrag oder Stroh

Pflanz- oder Aussaattermin	Januar	Februar	März	April	Mai	Juni	Juli	August	September	Oktober	November	Dezember
Mairübe *Brassica rapa L. var. Rapifera*				●	●		●	●				
Teltower Rübchen *Brassica rapa subvar. pygmaea*				●	●	●	●	●				
Stielmus *Brassica rapa ssp rapa*			●	●	in 14-tägigen Abständen							
Kerbelrübe *Chaerophyllum bulbosum*									●	●	●	
Melde *Atriplex hortensis*			●	●	●							
Mangold *Beta vulgaris var. vulgaris/ flavescens*				●	●	●	●					
Guter Heinrich *Chenopodium bonus-henricus*			●	●				●	●	●		
Erdbeerspinat *Chenopodium foliosum*			●	●	●	●	●					
Portulak gelb/grün *Portulaca oleracea*					●	●	●	●	●			
Nachtkerze *Oenothera biennis*					●						●	

Pflanzabstand	Erntezeit	Ertrag pro m^2
25 cm × 20 cm vereinzeln	Mai und Oktober/November	2 – 4 kg
10 cm × 20 cm	ab August/September	
15 cm × 5 cm	April - Juli	2 – 3 kg
20 cm × 5 cm	ab Juli Verzehr ab August	
25 cm × 25 cm vereinzeln	Juli – Oktober	2 – 3 kg
30 cm × 40 cm vereinzeln	Juli – Oktober	8 – 10 kg
30 cm × 30 cm vereinzeln	Im zweiten Jahr Juni – Oktober	8 – 11 kg
25 cm × 25 cm	Juni – Oktober	1 – 2 kg
20 cm × 20 cm	Juni – November	1 – 2 kg je Aussaat
30 cm × 30 cm vereinzeln	September - März	2 – 3 kg

Pflanzen und Rezepte

Die folgenden Kulturhinweise sind Empfehlungen. Genaue Aussagen sind wegen unterschiedlichster regionaler klimatischer Besonderheiten nicht möglich und im Einzelfall selbst zu ermitteln.
Die Rezepte sind ausreichend für vier Personen, sofern nicht anders angegeben.

Die angegebenen Mengen an Gemüse oder Kräutern sind Richtwerte. Größe und Gewicht der alten Kulturpflanzen oder von Wildkräutern sind an keine Normen angepasst. Fantasie und Kreativität sind durchaus gefragt.
Ein gutes Maß, vor allem bei Kräutern aus Garten und Feld, ist die Angabe »Hand voll«: Dieses Maß hat man immer dabei und so kann gleich die richtige Menge geerntet werden.

Topinambur (Helianthus tuberosus)

Herkunft, Bedeutung, Geschichte

»Erdbirne«, »Erdartischocke« oder »Jerusalemartischocke« sind die viel versprechenden Namen dieser respektablen Pflanze. Den Ursprung soll die Pflanze in Nord- oder Südamerika haben, den Namen Topinambur einem Indianerstamm verdanken. Durch Seefahrer wurden Knollen der Topinambur 1612 nach England gebracht. Wegen ihrer vielen Vorzüge verbreitete sie sich rasch in den Gemüsegärten und wurde erst später von der Kartoffel verdrängt. Die sich vegetativ aus Sprossknollen vermehrende Pflanzenart bildet etwa 2 – 3 m hohe, aufrechte, runde, dunkle, beinah schwarzgrüne Sprossen mit gegenständigen, herz- bis lanzettförmigen, rauen Blättern, ähnlich der Sonnenblume, zu deren Familie die Topinambur gehört.

Topinambur blüht als Kurztagspflanze erst ab September. Die attraktiven Blüten tendieren farblich von dottergelb bis rotbraun und haben einen Durchmesser von etwa 4 – 8 cm, was sie auch zu einer Zier im Garten macht. An den Wurzeln der Pflanze bilden sich spindelförmig bucklige, bewurzelte Knollen, die eine kartoffelähnliche Größe erreichen können. Da Topinambur absolut winterhart ist, können die Knollen geerntet werden, sobald die oberirdischen Triebe abgestorben sind. Wegen der extrem dünnen Schale trocknen die Knollen allerdings sehr schnell aus, so dass sie nur bei Bedarf geerntet werden sollten. Während der frostfreien Witterung kann dies von Herbst (Oktober/November) bis ins Frühjahr erfolgen. Aus Topinambur kann Fructosesirup, der die Süßkraft von Saccharose um das 1,5- bis 2-fache übersteigen kann, gewonnen werden. Auch für die Alkoholgewinnung durch Vergärung, die z. B. in Frankreich großtechnisch betrieben wird, ist Topinambur interessant. Aus 100 kg Knollen werden 8 – 10 l Alkohol gewonnen.

Inhaltsstoffe

75 – 79 % Wasser, 2,4 % Eiweiß, 15,8 % Kohlenhydrate, davon 7 – 8 % Inulin

Gesundheitlicher Wert

Vor allem das enthaltene Inulin macht die Knollen so interessant: Im Dünndarm kann es nicht verdaut werden (dem Menschen fehlt das abbauende Enzym), daher gelangt es unverändert in den Dickdarm und beeinflusst dort die Darmflora positiv.
Für Diabetiker ist Inulin interessant, da es sich günstig auf den Insulinhaushalt auswirkt. Faktisch können Diabetiker die Knollen bis zur Sättigung verzehren, da diese kaum als Kohlenhydrateinheiten berechnet werden müssen. Außerdem haben sich gerade Topinambur-Produkte einen guten Namen in der Gewichtsreduktion gemacht, da das Inulin appetithemmend wirkt.
Topinambur soll ferner Leber, Galle und Nieren unterstützen und bei aufziehenden Erkältungen helfen.

TIPP

Inulin fördert das Wachstum der Darmbakterien und hilft dadurch die Darmflora gesund zu erhalten. Dadurch wird einer Darminfektion vorgebeugt und das Immunsystem gestärkt.

Kultur

Ansprüche an Klima und Boden:
Stellt geringe Ansprüche. Siebfähige, humose Sandböden mit Grundwassernähe sind günstig.

Standort:
Kaum Ansprüche

Pflanztermin:
September/Oktober und April/Mai

Pflanzabstand:
40 cm × 30 cm

Pflege:
Topinambur kann von Echtem Mehltau befallen werden. Eine Bekämpfung dieser Krankheit ist nicht erforderlich. Unkrautbekämpfung sollte mechanisch erfolgen. Starke Verunkrautung im Jugendstadium vermeiden, später sind die Pflanzen kräftig und relativ resistent.
Knollen vor Mäusefraß im Herbst schützen.

Ernte:
Die Ernte der Knollen ist von Herbst bis Frühjahr durchweg an frostfreien Tagen möglich, bevorzugt werden die Knollen nach Absterben des Krautes bis in den Februar und März geerntet. Die Knollen lassen sich schlecht lagern und müssen deshalb innerhalb von 14 Tagen verarbeitet oder vor länger anhaltenden Frostperioden in Erdmieten eingelagert werden.

Samengewinnung:
Die kleinen Knollen, die im Boden verbleiben, treiben neu aus. Selektion ist erwünscht.

TIPP

Beachten Sie, dass Topinambur zum Wuchern neigt, außerdem laugen die Pflanzen den Boden stark aus.

Mein Vater hatte vor etwa 30 Jahren einmal von irgendjemandem ein paar Knollen der Topinambur, die er »Tombinatur« nannte, bekommen und versuchsweise in den entlegensten Teil unseres Gartens gepflanzt. Mutter war skeptisch in Anbetracht der sonderbar geformten Rhizomknollen, ob sich daraus überhaupt eine »vernünftige« Pflanze entwickeln könnte. Meine Familie und ich waren schon mächtig beeindruckt, als schließlich die vielen vitalen Stängel aus der Erde drückten, unaufhaltsam dem Lichte der Sonne zu. Wir haben sie jung bei etwa 1 m Höhe geschnitten, in die Häckselmaschine geschichtet und gehäckselt. Das hat gut, um nicht zu sagen fantastisch gut gerochen. Die Pferde und die Rindviecher haben nichts in der Krippe zurückgelassen, was wohl bedeutet haben könnte, dass es ihnen auch geschmeckt hat.
Leider unternahm meine Mutter keine Kochversuche mit den Knollen, die wir mit den Kartoffeln für die Schweine dämpften.

In der Küche

Die Knollen können wie Kartoffeln zubereitet werden und roh oder gekocht für Salat und Gemüse verwendet werden.
Den Zeitaufwand, der zum Schälen der sehr zerfurchten und zerklüfteten Knollen nötig ist, machen sie in der Kürze der Garzeit wieder wett.
Je nach Größe von Walnuss bis Hühnerei garen sie in etwa 3 Minuten. Etwas größere Knollen benötigen etwa 5 Minuten. Möglichst Knollen gleicher Größe garen.

Mit Meersalz sollte sparsam umgegangen werden. Muskatnuss, Knoblauch, Zitronensaft, Weißwein passen gut zu Topinambur-Gerichten.
In größeren Mengen können die Knollen Blähungen verursachen. Empfindliche Menschen sollten daher Kümmel oder Fenchel zum Würzen verwenden.
Süße Speisen können durch Birnendicksaft oder Ahornsirup geschmacklich variiert werden.

Topinambur erst schälen, dann garen. Bei ungeschälten Knollen entwickelt sich eine äußerst dicke, strohige und ungenießbare Schale.

Rezepte:

Topinambur-Quark-Gratin

1 Tasse Milch
½ Vanillestange
150 g Vollrohrzucker
½ Päckchen Puddingpulver oder die entsprechende Menge Speisestärke
3 Eier
200 g Topinambur
eine unbeh. Zitrone
250 g Quark
1 Prise Salz
etwas Butter
Puderzucker

Die Milch mit der Vanillestange und dem Vollrohrzucker zum Kochen bringen. Das Puddingpulver mit etwas Milch anrühren und unter die kochende Milch rühren (vorsichtig arbeiten, damit es keine Klümpchen gibt, die Masse wird ziemlich fest). Nach dem Aufwallen den Pudding vom Herd nehmen. Die Eier trennen und das Eigelb vorsichtig unter den Pudding rühren.
Die gründlich gereinigten Topinamburknollen und die Schale der Zitrone in den Pudding reiben und dabei immer wieder rühren. Quark passieren, Eiweiß mit einer Prise Salz zu steifem Schnee schlagen und beides unterheben.
Nun wird die Masse in eine flache, gebutterte Auflaufform gegeben und bei mittlerer Hitze etwa 25 Minuten gebacken, bis das Gratin schön goldbraun ist.
Vor dem Servieren mit ein wenig Butter bestreichen und mit Puderzucker bestreuen.

Topinambur mit Käsemayonnaise

600 g Topinambur

Für die Käsemayonnaise:
1 Ei
1 gestr. EL Senf
3 – 4 EL Olivenöl
100 g Joghurt
Saft einer halben Zitrone
Salz
Pfeffer
100 g geriebener, aromatischer Käse

Während die geschälten Topinamburknollen in ein wenig Wasser bei mittlerer Hitze garen, die Käsemayonnaise zubereiten.
Das Ei trennen, Eigelb und Senf mit dem Schneebesen oder in der Küchenmaschine verrühren, das Olivenöl langsam unterziehen. Wenn die gewünschte Konsistenz erreicht wurde, den Joghurt, der zuvor mit dem Zitronensaft verrührt wurde, unterziehen. Mit Salz und Pfeffer abschmecken.
Den Käse zu der Mayonnaise geben, das Eiweiß zu Schnee schlagen und unterheben.
Topinambur anrichten, mit Käsemayonnaise servieren.

Topinambur-Kartoffelklöße

250 g mehlig kochende Kartoffeln
250 g Topinambur (geschält)
1 – 2 Zitronen
150 g Dinkel, fein gemahlen
55 g Kartoffelstärke
2 Eier
Meersalz
Muskatnuss, frisch gerieben
Pfeffer aus der Mühle

Pellkartoffeln gut weich garen, pellen und durch eine Kartoffelpresse drücken. Sie sollten im Topf auf der warmen Herdplatte noch ein wenig ausdampfen.
In der Zwischenzeit werden die Topinamburknollen durch eine Saftpresse gelassen. Die zurückbleibenden Topinamburspäne mit etwas Zitronensaft beträufeln (werden sonst braun). Anschließend Topinambur, Mehl, Stärke, Kartoffelbrei und Eier miteinander verkneten, würzen und abschmecken. Falls der Teig zu weich ist, etwas Mehl zugeben. Den Teig zu Klößen formen und in reichlich kochendem Salzwasser etwa 20 Minuten garen.

Zur Verfeinerung können die Klöße mit Vollkorncroûtons gefüllt werden. Dazu altbackene Vollkornbrötchen in kleine Würfel schneiden und in etwas Butter in einer Pfanne ordentlich bräunen.

TIPP

Diese Klöße eignen sich hervorragend zu aromatischem Gemüse.

Roher Topinambursaft wird als hochwirksamer Fastentrunk mit einer beachtlichen Entschlackungswirkung gehandelt! Obendrein schmeckt dieser gesundheitsfördernde Trunk gut.
Wem dieser »Saft« ein paar Prozent zu wenig hat, der kann auch mal vom berühmten Topinamburschnaps probieren. Doch bitte Vorsicht im Umgang mit Spirituosen! Auch wenn der Grundstoff der Gesundheit höchst zuträglich ist, kann sich bei gesteigertem Konsum am Tag danach ein gewaltiger Kater einstellen.

Topinambursalat mit Pastinaken

Für die Sauce:
¼ l saure Sahne
Saft einer halben Zitrone
ein Stück Ingwer
Honig/Vollrohrzucker/ Birnendicksaft nach Geschmack
etwas Meersalz

250 g Topinambur
1 mittelgr. Pastinake
2 – 3 aromatische Äpfel
Schnittlauch
Petersilie
1 Hand voll Gänseblümchenrosetten (mit Wurzel abgestochen)
1 Hand voll Feldsalat
1 Hand voll kleine Löwenzahnblätter
zarte Herzblätter der Pastinake

Saure Sahne in eine Rührschüssel geben. Saft der Zitrone, frisch geriebenen Ingwer, Süßungsmittel Ihrer Wahl sowie Meersalz hinzufügen und gut verrühren.
Topinambur bürsten und schälen, Pastinake ebenfalls schälen, Äpfel waschen und vom Kerngehäuse befreien. Tobinambur, Pastinake und Äpfel in die Sauce raspeln und alles gut durchmischen. Bei Bedarf noch etwas abschmecken.
Anschließend die gründlich gereinigten und trockengeschleuderten Gänseblümchen, Löwenzahnblätter, den Feldsalat und die Pastinakenblätter in einer Glasschüssel anrichten und vor dem Servieren mit der Topinambur-Apfel-Sauce übergießen. Zur Verfeinerung können Sonnenblumenkerne über den Salat gestreut werden.

Topinambursalat mit Rauke

300 g Topinambur (geschält)
1 EL Olivenöl
1 Knoblauchzehe
3 EL Walnusskerne
1 Bund Basilikum
1 EL Olivenöl
Saft einer Zitrone
Meersalz
weißer Pfeffer
½ Bund Rauke
5 – 6 Tomaten

Die Topinamburknollen werden in hauchdünne Scheiben geschnitten und in ein wenig heißem Olivenöl goldgelb angebraten, die Knoblauchzehe pressen und dazugeben. Topinamburscheiben vom Herd nehmen und in der Pfanne allmählich abkühlen lassen.
Walnüsse und Basilikum im Mörser sehr fein vermahlen und mit Olivenöl und Zitronensaft verrühren. Mit Meersalz und Pfeffer aus der Mühle verrühren (wer es lieber etwas süßlich hat, rührt etwas Honig unter).
Die Rauke wird gewaschen, trockengeschleudert und in mundgerechte Stücke gezupft. Die Tomaten

waschen und in dünne Scheiben schneiden. Zum Schluss die warmen Topinambur-Scheiben mit der Rauke und den Tomatenscheiben sowie dem Walnusspesto vermengen und auf einem großen Teller anrichten.
Dazu passt ein herzhaftes Vollkornbrot oder ein Sojabohnenpüree (siehe Rezept S. 77).

Topinamburbrot à la Ulla

250 g Topinamburmus
400 g Weizenmehl (Type 405)
200 g Roggenmehl
1 Würfel Hefe
1 EL Rohrzucker oder Honig
Buttermilch nach Bedarf
1 Päckchen Backpulver
1 EL Essig
1 TL Salz
1 Prise Kokosraspel
1 EL Sonnenblumenkerne
1 EL Kürbiskerne
1 EL Leinsaat
1 EL gemahlene Haselnüsse
6 grob zerkleinerte Walnüsse

Tobinamburmus zubereiten. Dazu die Tobinamburknollen waschen, schälen, gar kochen und zerquetschen.
Weizen- und Roggenmehl in eine große Schüssel geben. Die Hefe mit etwas Vollrohrzucker und lauwarmer Buttermilch anrühren und an einem warmen Ort etwa 10 Minuten gehen lassen (das Volumen sollte sich etwa verzehnfacht haben). Die Hefe zu dem Mehl geben, etwa einen Esslöffel Vollrohrzucker oder Honig und so viel Buttermilch dazugeben, dass ein geschmeidiger Teig entsteht. Das Topinamburmus mit Backpulver, Essig, Salz, Kokosraspel, den Sonnenblumen- und Kürbiskernen, Leinsaat sowie den geriebenen Haselnüssen und den grob zerkleinerten Walnüssen zu dem Mehl geben. Alles zu einem geschmeidigen Teig verarbeiten und gut kneten.
Nach etwa einer Stunde »Gehzeit« an einem warmen Ort (das Volumen des Teiges sollte sich etwa verdoppelt haben) wird ein Brotlaib geformt und im vorgeheizten Backofen bei 180 °C etwa eine Stunde gebacken.

Im Porträt: Helianthi

Helianthi *(Helianthus strumosus)* ist eine nahe Verwandte der Topinambur. Lediglich an der Form und der Größe der Blätter kann sie der geübte Blick unterscheiden. Die Blätter sind etwas größer und nicht ganz so dunkel im Farbton. Allerdings unterscheiden sich die Rhizomknollen deutlich voneinander. Diese sind cremefarben, mit einer wunderschönen veilchenblauen Zeichnung. Auch sind sie länger und relativ glatt. Die Verwendung in der Küche ist daher wesentlich unproblematischer. Im Geschmack liegt Helianthi zwischen Topinambur und Schwarzwurzel. Ähnlich dem Topinambur zeichnen sich die Knollen durch eine ungewöhnlich kurze Kochzeit aus.

Auch diese Pflanze ist im Garten äußerst dekorativ. Sie wird etwa 2,5 m hoch und ist Ende September bis Anfang Oktober mit vielen großen gelben Blütenköpfen gesegnet.

Der Zuckergehalt der Rhizomknollen ist niedriger als bei der Topinambur, bitte beim Würzen beachten.

Pastinake (Pastinaca sativa)

Herkunft, Bedeutung, Geschichte

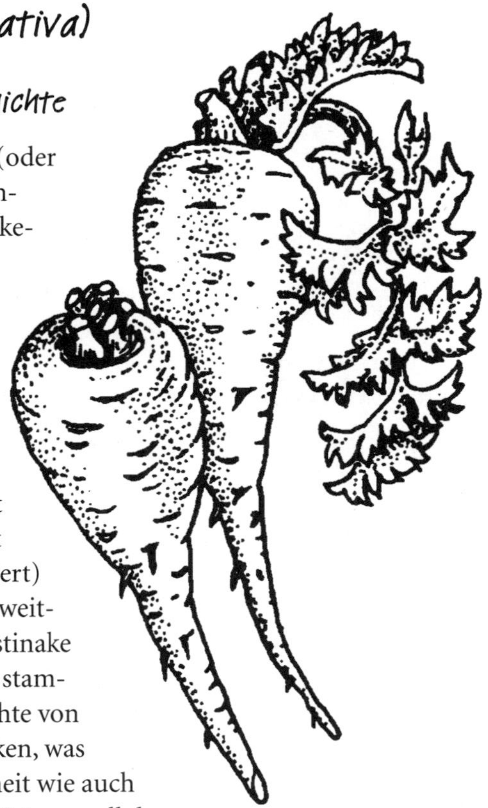

Im Mittelalter war die Pastinake (oder der Pastinak) noch ein Grundnahrungsmittel der ländlichen Bevölkerung. Trotzdem ist es schwierig, den Beginn der Kultur genau zu datieren, da kaum ein anderes Wurzelgemüse in der Vergangenheit so oft verwechselt wurde wie die Pastinake. Selbst das »Morkrut« der Heiligen Hildegard (1098 – 1172) ist nicht zweifelsfrei zu identifizieren. Erst Kräutervater Bock (16. Jahrhundert) beendete die Begriffsverwirrung weitestgehend. Er bezeichnete die Pastinake als »Pestnachen«. Aus dieser Zeit stammen dann schließlich auch Berichte von »zahmen« und »wilden« Pastinaken, was Rückschlüsse auf die Vergangenheit wie auch auf die Kultur zulässt. Durch die Römer soll das Wurzelgemüse schließlich auch in unsere Breiten eingeführt worden sein, auch wird den Italienern nachgesagt, mit der Inkulturnahme der »wilden« Pastinake begonnen zu haben.
Der Anbau versprach auch unter ungünstigen klimatischen Bedingungen Erfolg. So können Pastinaken gleichwohl im Bergland wie auch in den weniger »nahrhaften« Böden der Marschen angebaut werden. Durch die Einbürgerung der Kartoffel verlor die Pastinake allmählich an Bedeutung. In unseren Breiten wird sie heutzutage nur noch selten angebaut. Verwildert steht die Pflanze noch heute auf Wiesen und entlang von Gräben, an Straßen- und Wegrändern.

Dabei könnte sie das Pseudonym für vitale Schönheit im Garten sein, schon im Frühsommer spielt das kräftige, gefiederte Kraut wie ein loderndes Feuer im Wind. Dass unter dieser Pracht bald etwas steckt, das groß ist und viel Kraft haben muss, wird dem Betrachter recht bald klar (der Zweifler möge sich ab September selbst davon überzeugen). Falls die Wurzeln nicht geerntet werden, erfreuen die Pflanzen im 2. Jahr mit ihren sattgelben Blütendolden, die beinahe 2 m Höhe erreichen können.

TIPP

In Frankreich oder Skandinavien werden die weißen Wurzeln als Delikatesse schon länger geschätzt. Hierzulande sind die süß-würzigen Pastinaken noch ein Geheimtipp.

Inhaltsstoffe

Pastinaken weisen einen hohen Stärke- und Zuckergehalt auf und schmecken daher leicht süßlich. Eiweiß und Fett sind wenig vorhanden. Bei den Mineralien ist der hohe Kaliumgehalt erwähnenswert. Ätherische Öle verleihen ihr einen besonders aromatischen Geschmack.

Gesundheitlicher Wert

Der Verzehr der Wurzel soll das Einschlafen fördern sowie Magenschmerzen und Verdauungsbeschwerden lindern. Ferner soll sie hilfreich bei Blasen-, Nieren- und Steinleiden sein und die Funktion der Leber unterstützen. Für Diabetiker sind Pastinaken besonders empfehlenswert, da die Wurzeln Inulin enthalten.
Aus den Samen kann ein magen- und darmfreundlicher Tee bereitet werden.

Kultur

Ansprüche an Klima und Boden:
Mildes feuchtes Klima (wenn die Wurzel im Boden überwintern soll), ansonsten relativ anspruchslos, liebt tiefgründigen, gut gedüngten Boden, der eine optimale Wurzelentwicklung zulässt.

Standort:
Sonnig bis halbschattig

Aussaattermin:
Die Bodentemperatur sollte etwa 15 – 22 °C betragen – Mitte April/Anfang Mai oder Ende August/ Anfang September zur Überwinterung (Jungpflanzen sind winterhart). Auch von Aussaaten im Dezember wird gelegentlich berichtet, allerdings sollte bei solch später Aussaat ein geschützter Standort gewählt werden.

Mein Selbstversorgergarten liegt inmitten unserer nach den Richtlinien des ökologischen Landbaus bewirtschafteten Ländereien. Das ist für mich, eine unter ständigem Zeitmangel leidende Frau, sehr vorteilhaft, da ich ihn erstens im Herbst nicht umzugraben und zweitens auch den Boden im Frühjahr nicht von Hand saatfertig vorzubereiten brauche (Dauerkulturen sind im kleineren Hausgarten untergebracht). In den letzten drei Jahren bemerkte ich eine schwarze Katze, die sich in meinem »Garten« aufhielt, was die Mäuse doch in Grenzen hielt. Nun, das gute Tier hat nicht alle Mäuse verkonsumieren können, aber einen beträchtlichen Teil schon. Pastinaken konnten während dieser Zeit, neben anderen Wurzeln, im Boden überwintern.
Leider verschwand die Katze dann wieder. Obwohl ich rechtzeitig reagierte und etwa 2 ½ m hohe Stangen für Greifvögel in den Boden gerammt hatte, musste die herbstliche Ernte doch vor den verfressenen Nagern in Sicherheit gebracht werde. Ein Überwintern der winterharten Kulturen war an Ort und Stelle nicht mehr möglich.

Keimdauer:
etwa 2 – 3 Wochen

Pflanzabstand:
30 cm × 20 cm

Pflege:
Starke Verunkrautung im Jugendstadium vermeiden, später sind die Pflanzen kräftig und relativ resistent. Pflanzen vereinzeln, wenn sich die Blätter vollkommen entwickelt haben. Im Herbst müssen die süßen Wurzeln vor Mäusefraß geschützt werden. Eine Katze wirkt hier Wunder!
Wenn die Pflanze zu viel Kraft in die Blätter treibt, können diese – mit Ausnahme der Herzblätter – entfernt werden. Wem dies zu müßig ist, der kann auch die Blätter mit den Füßen umtreten; nur Mut!

Ernte:
Pastinaken sind winterhart, können aber auch vor dem einsetzenden Frost geerntet und im Keller oder in einer Miete überwintert werden. Die Wurzeln halten sich, bei sachgemäßer kühler Lagerung, bis in den April hinein frisch.

Ein vor Ungeziefer sicherer Aufbewahrungsort mit beträchtlichem Aufnahmevermögen ist eine im Garten eingegrabene Waschmaschinentrommel (bei Recyclingunternehmen nachfragen!). Möhren, Rote Bete, Kohlrüben, Pastinaken, selbst Mairüben können hier untergebracht werden. Topinambur hält sich in dieser »Miete« verblüffend lange knackig frisch. Bei Wintereinbruch allerdings gut abdecken!

Samengewinnung:
Die Blüte treibt im zweiten Jahr. Zur Gewinnung sollten zwei bis vier der stärksten und gesündesten Pflanzen im Boden bleiben (Achtung bei Mäusefraß!). Die Blüte treibt einen 1 bis 1,5 m hohen Blütenstängel aus, der sich im Spätsommer mit den lockeren, gelben Blütendolden schmückt. Im Herbst werden diese bei trockenem Wetter geschnitten. Die Samen werden gerebelt, nötigenfalls leicht nachgetrocknet und kühl und trocken gelagert.
Keimfähigkeit der Samen: etwa 1 Jahr.

In der Küche

Die Wurzeln können wie Möhren verwendet werden. Das junge Kraut eignet sich als Würzkraut in Eintöpfen und Suppen. Die Samen verfeinern gemahlen oder ganz Suppen und Eintöpfe.

Pastinaken sind problemlos zu handhaben, müssen auch nicht unbedingt geschält werden. Vom Entsaften mittels Rohentsafter sollte abgesehen werden, da die Wurzeln einen ziemlich hohen Trockengehalt haben. Beim Garen überzeugen Pastinaken durch eine extrem kurze Garzeit. Im Geschmack sind sie nach Frosteinwirkung unübertrefflich, im höchsten Grade aromatisch!

TIPP

Ähnlich dem Grünkohl sollten auch die Wurzeln der Pastinake zur Geschmackssteigerung einen Frost erlebt haben. Sie gewinnen dadurch an Süße und Aroma (in der Gefriertruhe kann notfalls die gleiche Wirkung erzielt werden!).

Wem es gelingt, der Pastinake doch ein Gläschen Saft abzuringen, der könnte durch den (regelmäßigen) Genuss dieses Trunkes seine Potenz fördern! Auch soll der Verzehr der Wurzel fröhlich stimmen. Aus diesem Grund und der zuvor genannten Wirkung soll Nonnen und Priestern der Konsum der beinah vergessenen Wurzel verboten gewesen sein.

Rezepte:

Pastinakensuppe

6 – 8 Kartoffeln
2 EL Butter
1 mittelgroße Zwiebel
2 EL Dinkelmehl
Salz
2 große Pastinaken
weißer Pfeffer
Schnittlauch
Petersilie
Pastinakenkraut

Die Kartoffeln schälen, würfeln und in der Butter anbraten, gewürfelte Zwiebel mitbraten. Sobald eine leichte Braunfärbung erkennbar ist, das Dinkelmehl zugeben und bei mittlerer Hitze mitbräunen. Mit 1½ l leicht gesalzenem Wasser, das zügig mit einem Schneebesen eingerührt werden muss, ablöschen (gut rühren, damit das Mehl nicht klumpt).

Während die Suppengrundlage aufkocht, die Pastinaken gut reinigen, von schadhaften Stellen befreien und ebenfalls in appetitliche Würfel teilen. Da die Kochzeit der Pastinake sehr gering ist, sollten die Kartoffelstückchen erst auf ihre Bissfestigkeit hin geprüft werden, ehe die Pastinakenwürfel der Suppe zugegeben werden.

Nach fünf Minuten Garzeit die Suppe abschmecken und mit den frischen, gehackten Kräutern verfeinern.

Servieren Sie diese Pastinakensuppe auch einmal mit knusprig braun gerösteten Vollkorntoastwürfeln – eine Versuchung!

Pastinakenpfanne

2 mittelgroße Pastinaken
2 – 3 Zwiebeln
etwas Sonnenblumenöl zum Anbraten
Salz

Pastinaken gut reinigen und in mundgerechte Stücke zerteilen. Öl in einer größeren Bratpfanne erhitzen, Pastinaken zusammen mit den gewürfelten Zwiebeln kräftig anbraten. Kurz vor dem Servieren leicht salzen.
Geschmackliche Variationen sind durch die Zugabe von Tofu- oder Seitanprodukten möglich. Sehr gut schmecken zu dieser Pfanne Räucherprodukte oder Bratstücke nach »Kassler Art«.
Dazu passt ein bunter Salat.

Achtung: Die Zubereitungszeit der Pastinakenpfanne ist sehr kurz, deswegen sollte möglichst schnell bei starker Hitze gearbeitet werden, um die Bissfestigkeit zu erhalten und eine schöne Bräunung zu erzielen.

Pastinakenbratstück

2 große Pastinaken
etwas Vollkornmehl
1 Ei
Salz
Pfeffer
geriebener Käse
Olivenöl zum Braten

Die gut gereinigten, möglichst unbeschädigten Pastinaken werden in etwa 1 cm dicke Scheiben zerteilt und sofort in Vollkornmehl gewendet. Das Ei und die Gewürze miteinander verquirlen. Die Pastinakenscheiben mit dem Ei bepinseln und anschließend im geriebenen Käse panieren.
In einer Pfanne Olivenöl erhitzen und die »Steaks« darin knusprig braun braten.

Pastinakengemüse zu Weizen

Für den Weizen:
250 g Weizen
1 EL Butter
1 Zwiebel
Knoblauch und Meersalz nach Geschmack

Für das Gemüse:
2 Pastinaken
1 Zwiebel
Salz
1 l Gemüsebrühe
2 EL Butter
2 EL Dinkelmehl
Pfeffer
Muskatnuss
Sojasauce (Shoyu)
Petersilie

Weizenkörner in ein feinmaschiges Sieb geben und unter fließendem Wasser abspülen. Butter in einem Topf erhitzen, nassen Weizen dazugeben. Mit einem $\frac{1}{8}$ l Wasser aufgießen. Gewürfelte Zwiebel, zerkleinerte Knoblauchzehen und etwas Meersalz hineingeben und den Weizen bei schwacher Hitze allmählich im geschlossenen Topf etwa 30 Minuten garen. Während der Garzeit auf die Flüssigkeitsmenge achten, bei Bedarf Wasser dazugeben, um ein Anbrennen zu verhindern.
(Anstelle des Weizens kann auch ein anderes Getreide verwendet werden.)

Pastinaken gründlich reinigen und die Wurzeln würfeln. Zwiebel klein hacken und zusammen mit den Pastinakenwürfeln in der leicht gesalzenen Gemüsebrühe kurz kochen. In der Zwischenzeit die Butter in der Bratpfanne erhitzen und mit dem Dinkelmehl zu einer dunklen Mehlschwitze verarbeiten. Diese wird anschließend gut in das fertig gegarte Gemüse eingerührt. Mit Pfeffer, Muskatnuss und Shoyu würzen. Kurz vor dem Servieren mit Petersilie verfeinern.

TIPP

Werden die Körner über Nacht eingeweicht (in den Kühlschrank stellen), wird die Garzeit erheblich verringert. Da die Körner nicht stark aufquellen, muss das Wasser nur knapp überstehen und kann dann zum Garen verwendet werden.

Pastinakenkuchen

Die Eier mit dem Roh-Rohrzucker und dem Öl verrühren. Pastinaken, Sultaninen und gehackte Nüsse dazugeben und unter den Teig heben. Gewürze zu dem Teig geben und alles gut verrühren. Das Mehl, das mit Backpulver und Natron gemischt wurde, unterrühren. Den Teig in eine gefettete und mit Semmelbrösel ausgestreute Kastenform bei 180 °C etwa eine Stunde backen. Zum Schluss Frischkäse mit dem Puderzucker zu einer cremigen Masse rühren. Abgeriebene Schale einer Zitrone oder ein Hauch Muskatnuss je nach Geschmack hinzufügen und die Glasur auf den abgekühlten Kuchen streichen.

3 Eier
250 g Roh-Rohrzucker
200 ml Pflanzenöl
150 g geraspelte Pastinaken
100 g Sultaninen
100 g gehackte Walnüsse
2 TL gem. Ingwer
2 TL gem. Zimt
Kardamom
Nelken und Koriander nach Geschmack
250 g feines Dinkel- oder Weizenmehl
1 TL Backpulver
1 TL Natron
Butter und Semmelbrösel für die Form

Für die Glasur:
200 g Frischkäse
Puderzucker
abgeriebene Schale einer unbeh. Zitrone
Muskatnuss nach Belieben

Pastinakenpfannkuchen

Aus den Eiern, dem Dinkelvollkornmehl und der Milch sowie etwas Meersalz einen glatten Teig bereiten. Die gut gereinigten Pastinaken in den Teig hobeln. Zum Schluss die sehr fein gewürfelten Zwiebeln unterrühren.
Palmfett in einer Pfanne erhitzen. Den Teig nach und nach zu kleinen Pfannkuchen ausbacken.
Ein bunter Salat rundet das schnell zubereitete und äußerst schmackhafte Menü ab.

4 Eier
200 g Dinkelvollkornmehl
½ Tasse Milch
1 Prise Meersalz
1 – 2 mittelgroße Pastinaken
2 mittelgroße Zwiebeln
Palmfett zum Ausbacken

Pastinakenkraut

5 – 6 Pastinakenwurzeln (kräftig durchgefroren)
1½ l Wasser

Die gut gereinigten, nicht geschälten Wurzeln raspeln oder mit der Küchenmaschine zerkleinern. Mit etwas Wasser in einem großen Topf etwa 30 Minuten kochen. Den Topf danach zum Auskühlen beiseite stellen (ruhig auch über Nacht). Gekochte Pastinaken mit Hilfe eines sauberen Geschirrtuches auspressen. Wer hat, kann ruhig auch seine Kloßteigpresse dafür verwenden. Den so gewonnenen Saft wieder in einen Topf geben und bei schwacher Hitze über mehrere Stunden einkochen. Das Pastinakenkraut hat die richtige Konsistenz, wenn es zähfließend vom Holzlöffel tropft.

Wem die Ausbeute zu gering ist, der kann natürlich auch den Saft samt der geraspelten Wurzel zu einem Mus einkochen, allerdings ist dann die Konsistenz nicht so glatt und glasig wie bei der Verwendung des Saftes.

Im Porträt: Zuckerwurzel

Auch die Zuckerwurzel *(Sium sisarum)* gehört zur Familie der Doldengewächse und ist lange schon aus den Gärten und dem Gedächtnis der Menschen verschwunden. Den endgültigen Niedergang könnte auch bei dieser Pflanze der Siegeszug der Kartoffel eingeläutet haben.

Über ihren Ursprung gibt es lediglich Mutmaßungen. Erst in den Kräuterbüchern der Renaissance (16. Jahrhundert) stößt man auf die Zuckerwurzel, die hier mit zahlreichen Namen belegt ist: Gierlein, Gerlein, Gritzelmörlein, Klingelrüblein, um nur einige zu nennen. Da sich diese Namensvielfalt allerdings über die Landesgrenzen hinweg von Schweden bis Portugal, von England über den Balkan bis Spanien erstreckte, ist davon auszugehen, dass die Zuckerwurzel weit verbreitet war.

Da der Samen der Zuckerwurzel nur langsam keimt, sollte die Aussaat schon im Herbst erfolgen.

Ich hatte sie in meinem ersten Aussaatversuch im zeitigen Frühjahr ins Beet gebracht. Als anscheinend nichts aufgehen wollte, harkte ich den Boden kurzerhand um und säte eine andere Pflanze ein, die sich auch gut entwickelte – später standen jedoch auch Pflanzen der Zuckerwurzel im Beet. Sie ist keineswegs »zimperlich«. Umpflanzen oder beernten der Pflanze, ohne sie komplett auszureißen, ist problemlos möglich.

Die Zuckerwurzel ist winterhart und bildet keine Hauptwurzel, sondern

vielmehr ein »Büschel« pfahlförmiger, möhrenähnlicher Wurzeln. Diese können für Gemüse und Suppen verwendet werden. Sie sind schmackhaft und leicht verdaulich. Zur Weitervermehrung können diese getrennt werden. Doch auch die Samen können nach dem Abblühen geerntet werden. Es empfiehlt sich allerdings, nur von den ertragreichsten und aromatischsten Pflanzen Stecklinge bzw. Samen zur Weiterzucht zu verwenden.
Im Geschmack ist die Zuckerwurzel der Pastinake ähnlich, auch das Kraut ist aromatisch und kann ebenfalls als Suppenwürze verwendet werden.
Da die Samen nur langsam und ungleichmäßig keimen, sollten sie, bevor sie im April oder August in das vorbereitete humose, tiefgründige Saatbeet kommen, vorgequollen werden.
Da die Wurzeln viel Zucker (Saccharose) enthalten, kann aus ihnen auch ein süßer Brotaufstrich (Wurzelkraut) oder Alkohol gewonnen werden. Allerdings fällt die Ernte nicht so gewaltig aus, diese Verwendungsmöglichkeiten bieten sich daher für die wenigsten an. Auf 100 qm kann mit einem Ertrag von lediglich 95 kg gerechnet werden.
Die Wurzel braucht bei der Verwendung in der Küche nicht geschält zu werden, die Garzeit ist gering. Im Winter sollte sie unbedingt vor Mäusefraß geschützt werden!

TIPP

Zuckerwurzeln können bei der Ernte leicht abbrechen. Deshalb vorsichtig mit einer Grabgabel ernten!

Haferwurzel (Tragopogon porrifolius)

Herkunft, Bedeutung, Geschichte

Die Haferwurzel ist eine frohwüchsige Pflanze und dem Wiesenbocksbart ziemlich ähnlich. Schon bald nach der Aussaat zeigen sich die ersten zarten Blätter, die sehr beständig in ihrem Wachstum sind. Obwohl ich sie im ersten Anbauversuch viel zu dicht gesät und auch nicht vereinzelt hatte, entwickelten sich im Herbst erstaunlich viele starke Wurzeln, die mitunter einen Durchmesser von 3 – 4 cm aufwiesen. Die Blüte erstaunte mich sowohl in Größe als auch in Farbgebung und Verhalten: eine ungewöhnlich schöne, beinah der Gerbera ähnelnde Blüte von etwa 2,5 cm Durchmesser, in einem pastellroten Farbton, die sich sanft im Wind wiegte. Gegen 17 Uhr allerdings ist die Pracht nicht mehr zu bewundern, dann nämlich haben sich die Blüten bereits vollkommen geschlossen, wie sie auch bei Regenwetter ihre Schönheit nicht vollends entfalten.
Haferwurzel und Schwarzwurzel werden in Gartenbüchern älteren Datums gern zusammen genannt. Allerdings ist die Schwarzwurzel in ihrer Entwicklungsgeschichte die wesentlich jüngere Schwester und hat, wie der Name schon vermuten lässt, eine schwarze Borke. Die Haferwurzel hingegen ist ockergelb bis hellbraun gefärbt und bildet im Gegensatz zur Schwarzwurzel eine Vielzahl von Nebenwurzeln. Wegen ihrer hellen Farbe wird sie im Volksmund manchmal auch Weißwurzel genannt.

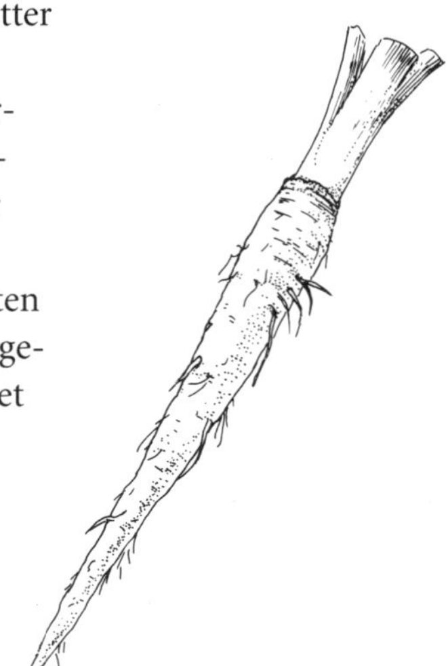

Die Kultur der Haferwurzel geht bis in das klassische Altertum Griechenlands zurück. Sie ist eng mit der Wildform, dem Wiesenbocksbart *(Tragopogon pratensis)*, verwandt.
Ihren Anbauhöhepunkt fand die Haferwurzel in der Mitte des 19. Jahrhunderts. Sie wurde zu Salat, Gemüse oder Suppen verarbeitet. Im Geschmack ähnelt sie in gewisser Weise dem Sellerie, obwohl sie deutlich milder schmeckt. Kulinarisch entfaltet sich das Aroma am besten, wenn die Wurzel in einer Cremesuppe zubereitet wird oder wenn sie – ähnlich dem Sellerie – in Essig und Öl angemacht wird.
Obwohl die Haferwurzel auch den Beinamen »Auster« erhielt, konnte sie hierzulande von der Schwarzwurzel allmählich verdrängt werden. In England hingegen wird die Haferwurzel auch heute noch in den Gärten angebaut.
Über den Geschmack der ebenfalls essbaren Blätter kann gestritten werden. Allerdings lassen sich die jungen, noch zarten und sehr süßen Schösslinge der zweijährigen Pflanzen gut in der Küche verwenden. Sie können wie die Schösslinge des Wiesenbockbarts gebündelt und wie Spargel zubereitet werden. In dieser Entwicklungsphase ist die Wurzel holzig und somit ungenießbar.

TIPP: Da ihre Blätter an Porree erinnern, bekam die Haferwurzel den Artnamen porrifolium. Geschmacklich ähnelt sie aber eher dem Sellerie.

Inhaltsstoffe

Leider fehlen derzeit (noch) detaillierte Angaben. Die Haferwurzel enthält – wie die Schwarzwurzel auch – neben dem Inulin wichtige Mineralien und Vitamine.

Gesundheitlicher Wert

Für Diabetiker aufgrund des Inulingehaltes besonders empfehlenswert.

Kultur

Ansprüche an Klima und Boden:
Gedeiht auch in klimatisch ungünstigen Lagen. Am besten eignet sich sandiger humoser Boden, der nicht austrocknet. Da die Pflanze winterhart ist, kann sie im Beet überwintern. In meinem Garten war die Haferwurzel im Gegensatz zu den Pastinaken nicht von Mäusefraß befallen.

Standort:
Sonnig

Aussaattermin:
Sobald das Saatbeet abgetrocknet ist, können die stäbchenförmigen Samen ab Mitte/Ende April in ein tiefgründiges Beet gesät werden.

Keimdauer:
Etwa 2 Wochen

Pflanzabstand:
20 cm × 20 cm

Pflege:
Nach dem Auflaufen der Sämlinge sollten sie zunächst vor zu starker Verunkrautung geschützt werden. Haben die jungen Pflanzen eine Höhe von etwa 7 – 10 cm erreicht, sollten sie vereinzelt werden. Hierfür werden die schwächsten, eventuell kränkelnden Jungpflanzen entfernt.

Ernte:
Die Ernte sollte nicht vor Oktober beginnen, dann schmecken die Wurzeln erst so richtig gut. Sie kann den Winter über andauern, sofern der Boden dies gestattet; bei starken Frösten etwas abdecken.

Im Frühjahr sollte die Ernte abgeschlossen sein, da die Wurzeln bald verholzen.
Ist mit starken Frösten zu rechnen, können die gesäuberten und in Frischhaltefolie gehüllten Wurzeln gut zwei Wochen im Gemüsefach des Kühlschrankes aufbewahrt werden.

Samengewinnung:
Für die Samengewinnung werden entweder schöne Wurzeln ausgewählt, die an einem kühlen Ort überwintern, oder man lässt kräftige Pflanzen im Garten überwintern (lassen sich übrigens im Frühjahr unproblematisch versetzen!).
Etwa im Mai, je nach Witterung, schieben viele Sprosse aus der Wurzel. An diesen zeigen sich bald schöne starke Knospen, aus denen sich Blüten, später Samen entwickeln. Nicht zu viele Blüten stehen lassen! Eine Pflanze kann ungefähr 300 – 500 Samen entwickeln!
Bei trockenem Wetter werden die stäbchenförmigen, im Reifezustand hellbraunen Samen geerntet und zum Nachtrocknen auf trockenes Küchenpapier gelegt. Trocken und kühl aufbewahrt behalten sie 2 Jahre ihre Keimfähigkeit, vor direkter Sonneneinstrahlung schützen.

TIPP

Kleine, nicht in der Küche verwendbare Wurzeln der Haferwurzel nicht achtlos auf den Kompost werfen. Auch sie bilden Ende Mai eine dekorative Blütenstaude und können im Frühjahr aus diesem Grund auch gut ins Blumenbeet oder auf die Rabatte als Blickfang gesetzt werden.
Die Blühzeit dauert etwa vier Wochen, danach gleicht die Blüte beinah der »Pusteblume« des Löwenzahns.

In der Küche

Die Wurzel besticht durch ihre vielseitigen Verwendungsmöglichkeiten; roh schmeckt sie (mir) allerdings nicht. Die Kochzeit ist deutlich geringer als bei Möhren.
Die Handhabung gestaltet sich zuweilen schwierig. Spätestens wenn es an die Reinigung der mitunter stark verzweigten Wurzel geht, ist Kreativität gefragt. Kleinere Nebenwurzeln lassen sich problemlos abzupfen. Ein Schälen der Wurzel ist nicht unbedingt erforderlich.
Vorsicht: Der weiße Milchsaft färbt (ähnlich dem des Löwenzahns) bei Kontakt Hände und auch Textilien. Von der Haut geht die Braunfärbung nach gründlichem Bürsten mit Wasser und Seife relativ gut wieder ab, Baumwolle hingegen lässt sich weitaus schwieriger entfärben.

TIPP

Werden die Wurzeln bei trockenem Wetter geerntet, entfällt ein Großteil der aufwändigen Reinigungsarbeit, da kaum Gartenerde an ihnen haftet!

Bei meinen ersten Kochversuchen bemühte ich mich, die Wurzel nach der gründlichen Reinigung obendrein zu schaben; so sollten auch gleich die vielen, zum Teil wollfadenstarken Nebenwurzeln entfernt werden. Als dies nicht zufriedenstellend gelang, habe ich den Nassrasierer meines Sohnes entehrt und versucht die Wurzeln zu rasieren. Ehrlich gesagt: Die Wurzeln sahen nach der Prozedur aus, als ob jemand versucht hätte, mittels Nassrasierer filigrane Figuren aus ihnen zu schnitzen.
Unter fließendem Wasser abgezupft, lassen sich die zarten Wurzeln verblüffend einfach entfernen, auch dem Verfärben der Hände wird bei dieser Methode Einhalt geboten.

Rezepte:

Bei den folgenden Rezepten können anstelle der Haferwurzel auch Schwarzwurzeln verwendet werden.

Haferwurzel-Shiitake-Suppe

200 g Shiitake-Pilze
10 mittelgroße Haferwurzeln
1 mittelgroße Zwiebel oder 3 Schalotten
etwas Salz
¼ l Gemüsebrühe
1 – 2 EL Butter
Kümmel, gemahlen
frisch geriebene Muskatnuss
Meersalz
2 Eigelb oder etwas süße Sahne
Kräuter, fein gehackt

Pilze putzen, waschen, die Stiele fein hacken und die Hüte halbieren. Haferwurzeln säubern und würfeln. Zwiebel fein hacken, bei den Schalotten das Grün zum Verfeinern der Suppe beiseite legen. Pilzstiele in die kochende und leicht gesalzene Gemüsebrühe geben und etwa 10 Minuten lang köcheln lassen. Im Anschluss daran die Haferwurzelwürfel zugeben. Nach weiteren 5 Minuten Kochzeit die Suppe pürieren.
Butter in einem großen Topf erhitzen und die fein gewürfelten Zwiebeln und die Pilzhüte kräftig anbraten. Mit der Suppe angießen, sobald die Zwiebelstückchen appetitlich braun gefärbt sind. Danach sollte die Suppe weitere 8 Minuten bei mäßiger Hitze kochen.
Mit Kümmel, Muskatnuss und Meersalz abschmecken.
Abschließend das Eigelb mit etwas Suppe verrühren und mit dem Schneebesen in die nicht mehr kochende Suppe quirlen. Mit fein gewiegten Kräutern und den in appetitliche Stückchen zerteilten Schalottenschoten bestreut servieren. Zur Verfeinerung kann anstelle von Eigelb auch etwas süße Sahne untergerührt werden.

Dinkel-Pfannkuchen mit Haferwurzelgemüse

Für die Pfannkuchen:
4 Eier
70 – 100 g Magerquark
2 EL Olivenöl
½ Tasse Milch
150 g Dinkelvollkornmehl
50 g aromatischer, geriebener Käse
Meersalz
Pfeffer aus der Mühle
Palmfett zum Braten

Für das Gemüse:
1 – 2 mittelgroße Mairüben
150 g grüne Sojabohnen
6 – 8 mittelgroße Haferwurzeln
12 Schalotten
2 EL Butter
1 TL Roh-Rohrzucker
1 EL Wasser
Saft einer halben Zitrone
1 Knoblauchzehe
Meersalz
eventuell Sojasauce
Kräuter zum Bestreuen

Aus Eiern, Quark, Olivenöl und Milch einen dünnflüssigen Teig anrühren. In diesen das Dinkelvollkornmehl und den geriebenen Käse zügig hineinrühren. Mit Meersalz und Pfeffer nach Geschmack abschmecken. Anschließend den Teig für eine halbe Stunde in den Kühlschrank stellen.
In der Zwischenzeit wird das Gemüse vorbereitet: Mairüben schälen und hobeln, Sojabohnen auspulen, Haferwurzel bürsten, waschen und würfeln, Schalotten vom Kraut trennen und in Ringe teilen, Schalotten zum Bestreuen der Pfannkuchen zerkleinern.
Die Butter in einer ausreichend großen Pfanne schmelzen lassen, den Roh-Rohrzucker unter stetigem Umrühren darin auflösen. Das vorbereitete Gemüse dazugeben und glasieren. Mit etwas Wasser und Zitronensaft ablöschen und bei schwacher Hitze weitere 10 Minuten dünsten.
Die Knoblauchzehe nach dem Garen des Gemüses durch die Knoblauchpresse pressen und unterrühren. Nach Geschmack mit Meersalz abschmecken, wer mag, kann auch etwas Sojasauce zugeben.
Palmfett erhitzen und kleine Pfannkuchen aus dem Teig ausbacken. Pfannkuchen zusammenfalten und mit dem Gemüse anrichten. Vor dem Servieren mit den zerkleinerten Kräutern und dem Grün der Schalotten bestreuen.

Haferwurzelsalat

10 Haferwurzeln
etwas Salz
Saft einer Zitrone
2 Äpfel
200 g saure Sahne
1 Zwiebel
Meersalz
Pfeffer aus der Mühle

Die Haferwurzeln reinigen und in etwa ½ cm dicke Scheiben schneiden. Die Scheiben in leicht gesalzenem Wasser etwa fünf Minuten bissfest kochen, dabei den Saft einer halben Zitrone zugeben. Haferwurzel in einem Sieb auskühlen und abtropfen lassen.
Die Äpfel waschen und mit der Schale in eine dekorative Glasschüssel hobeln und mit dem restlichen Zitronensaft beträufeln. Saure Sahne und die Zwiebel, die in dünne Scheiben geschnitten wurde, unterziehen. Abgekühlte Haferwurzelscheiben ebenfalls in die Schüssel geben und alles vorsichtig vermischen. Mit Meersalz und etwas Pfeffer aus der Mühle abschmecken.

Haferwurzel-Cremesuppe

1 kg Haferwurzeln
etwas Meersalz
1 EL Butter
1 Prise Roh-Rohrzucker
2 EL Vollkornmehl
2 – 3 Eier
1 Tasse süße Sahne
Muskatnuss
4 Scheiben Vollkorntoastbrot
aromatischer Käse zum Überbacken
Meersalz
Petersilie zum Garnieren

Haferwurzeln reinigen und grob zerkleinern. Die Wurzelstücke in 1 Liter leicht gesalzenem Wasser, das mit etwas Butter versetzt und mit Roh-Rohrzucker abgeschmeckt wurde, garen, bis sie schön weich sind. Die Suppe mit einem Passierstab pürieren oder durch ein Sieb streichen, anschließend erneut zum Kochen bringen. Das mit etwas Wasser angerührte Mehl und die Eier zügig einrühren und abermals aufkochen. Zum Schluss die süße Sahne hinzufügen. Mit frisch geriebener Muskatnuss abschmecken.
Toastbrotscheiben in einer Pfanne mit etwas Butter knusprig anbraten und auf vier Suppentassen verteilen. Die Suppe darauf geben, mit etwas Käse bestreuen und für 15 Minuten in den auf 175 °C vorgeheizten Backofen schieben.
Die Suppe kurz vor dem Servieren mit fein gewiegter Petersilie bestreuen.

Sahniges Haferwurzelgemüse

1 kg Haferwurzeln
1 EL Butter
etwas Meersalz
1 Prise Roh-Rohrzucker
2 EL Vollkornmehl (Weizen oder Dinkel)
2 – 3 Eier
1 Tasse süße Sahne
Muskatnuss

Haferwurzeln reinigen und in appetitliche Stücke zerteilen. Das Gemüse in einem Topf mit 1 Liter Wasser unter Zugabe der Butter, etwas Meersalz und dem Roh-Rohrzucker zum Kochen bringen. In der Zwischenzeit das Vollkornmehl in einer Schüssel mit wenig Wasser mit einem Schneebesen klümpchenfrei anrühren.
Sind die Wurzelstückchen weich, wird das Mehl mit dem Schneebesen schnell in den kochenden Fond eingerührt. Danach werden die Eier mit dem Schneebesen ebenfalls untergequirlt. Das Gemüse nochmals aufkochen und vom Herd nehmen. Die Sahne hinzufügen und gut verrühren. Mit frisch geriebener Muskatnuss abschmecken.
Dieses Gemüse schmeckt besonders gut zu Vollkornnudeln.

TIPP

Damit es keine Klümpchen gibt, sollte beim Anrühren des Mehls immer zuerst das Wasser in das Gefäß gegeben werden!

Haferwurzeltarte

Für den Teig:
200 g mittelalter Gouda
150 g Weizenvollkornmehl
1 Eigelb
2 EL Eiswasser
150 g Butter
Fett für die Form

Für die Füllung:
1½ Tassen süße Sahne
3 Eier
1 Knoblauchzehe
Meersalz
Muskatnuss
Pfeffer aus der Mühle
500 g Haferwurzelstückchen
Saft einer halben Zitrone
frische Kräuter (Salbei, Liebstöckel, Borretsch)

Den Käse fein raspeln und zwei Drittel davon mit dem Vollkornmehl vermischen (der Rest wird zum Bestreuen der Tarte beim Überbacken benötigt!).
In die Mitte der Mischung eine Mulde drücken. Eigelb, Eiswasser und die Butterflöckchen hineingehen und alles zügig zu einem glatten Teig verkneten. Teig in eine gefettete Tarteform drücken, dabei einen 1½ cm hohen Rand hochziehen. Die Form etwa 10 Minuten kalt stellen.
Sahne und Eier verquirlen, Knoblauch hineinpressen und mit Meersalz und frisch geriebener Muskatnuss und Pfeffer würzen. Den Tarteboden mit einer Gabel mehrmals einstechen. Die Haferwurzeln zerkleinern und in einem separaten Gefäß mit dem Zitronensaft vermengen, danach auf den Tarteboden geben. Die aromatische Sahnesauce darüber geben. Mit dem restlichen Käse und den fein gewiegten Kräuter bestreuen.
Im vorgeheizten Backofen bei 200 °C etwa 30 Minuten backen und noch lauwarm servieren.

Im Porträt: Schwarzwurzel

Nachdem sie die Haferwurzel verdrängt hatten, fielen auch die Schwarzwurzeln *(Scorzonera hispanica)*, die ganz zu Unrecht »Proletenspargel« genannt wurden, in Ungnade. Unter Kaiser Karl dem Großen galt sie als Gemüse der feinen Leute. In den städtischen Gärten war sie eine viel und gern angebaute Gemüsepflanze, die den herbst- und winterlichen Speiseplan eminent aufwertete und mit einem »Winterspargel« gleichgesetzt wurde. Mittlerweile gehören auch sie zu den beinah vergessenen Kulturpflanzen. Dabei ist der Geschmack der Schwarzwurzeln, werden sie richtig zubereitet, aufregend, wenn nicht gar ein Erlebnis, und der Verzehr ist obendrein sehr empfehlenswert. Sie könnten für ältere Menschen oder Menschen in der Rekonvaleszenz ein wahres Lebens- und Gesundheitselixier sein, preisgünstig obendrein. Der hohe Anteil an Ballaststoffen fördert die Verdauung, viele Mineralien und Spurenelemente versorgen den Körper beispielsweise mit Magnesium, Kalium und Kupfer. Außerdem ist die Schwarzwurzel kalorienarm und somit hilfreich bei der Reduzierung des Körperumfanges – dann sollte allerdings auf zu viel Sahne und Butter bei der Zubereitung verzichtet werden. Das in den Schwarzwurzeln enthaltene Kupfer hilft den Knochenabbau zu bekämpfen, ein Umstand, der besonders von prophylaktischer Bedeutung ist, denn ist das Kind erst in den Brunnen gefallen, ist es

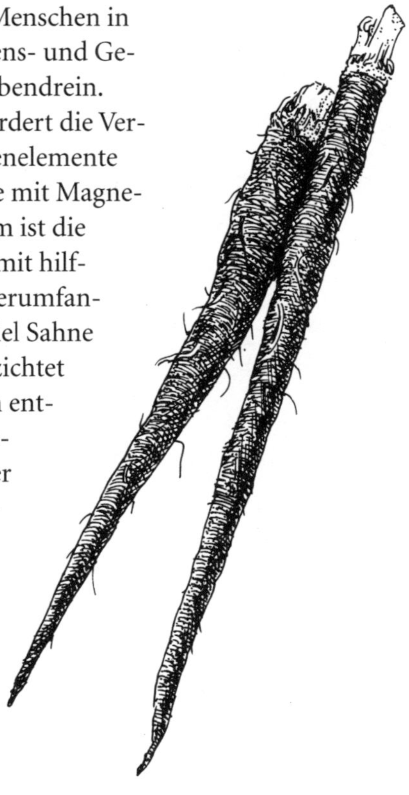

meistens zu spät. Deswegen sollten gerade Frauen, die in die Wechseljahre kommen und der Osteoporose vorbeugen wollen, wenigstens einmal in der Woche dieses Gemüse verzehren. Die Rezepte der Haferwurzel sind alle auch für die Schwarzwurzel geeignet, genauso können sämtliche Spargelrezepte einfach übernommen werden!
Wer die Mühe beim Schälen nicht scheut, wird begeistert sein vom wunderbaren Aroma der dunklen Stangen. Beim Schälen unter fließendem Wasser färben sich übrigens die Hände nicht braun, allerdings sollten die Wurzeln sofort nach dem Schälen in ein Essig- oder Zitronenwasser gelegt werden, da sie sich sonst unschön verfärben.
Beim Anbau stellt die Schwarzwurzel wenig Ansprüche an Klima und Boden. Tiefgründiger humoser Boden wird bevorzugt. Die Aussaat erfolgt bereits im April, wenn das Saatbeet abgetrocknet ist. Pro qm kann mit einer Ernte von etwa 2 – 2,5 kg Schwarzwurzeln gerechnet werden.

Ähnlich dem Spargel sind nur frische Wurzeln wirklich delikat.

TIPP: Schwarzwurzel gut gebürstet kurz vorkochen, so lässt sich die dunkle Außenhaut wie bei gebrühten Tomaten leicht abziehen.

Sojabohne (Glycine max. Merr.)

Herkunft, Bedeutung, Geschichte

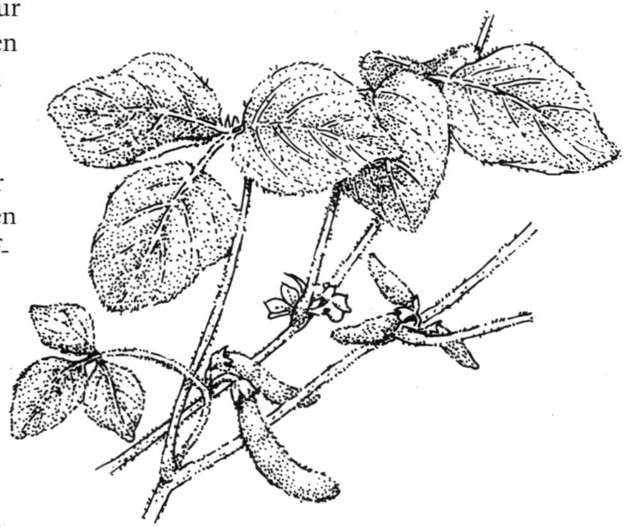

Die Sojabohne gehört zur Familie der Leguminosen oder, wer diesen Namen lieber mag, zu den Schmetterlingsblütlern. Das Besondere an dieser Pflanze sind die enormen Assimilationseigenschaften. Sie verhelfen der Kurztagespflanze zu einem erstaunlichen Reichtum an Inhaltsstoffen, den diese in nur etwa 100 Tagen anreichert. Mit Hilfe von Knöllchenbakterien kann obendrein der Stickstoff aus der Luft erschlossen werden. Deshalb wird zur Entwicklung in der Regel auch keine Düngerzugabe benötigt.

Sojabohnen sind einjährige Pflanzen. Im Wachstum überzeugen sie durch ein kräftiges, unaufhaltsames Gedeihen (wenn die Temperaturen es erlauben). An bisweilen fingerdicken drahtigen Stängeln bildet sich ein ebenso robust erscheinendes dichtes Blattwerk. Beikräuter haben darunter keine Chance. Damit die Ernte der Bohnen Erfolg versprechend verläuft, sollte auf einen ausreichenden Pflanzenabstand geachtet werden. Übrigens lassen sich die Jungpflanzen, die beim Vereinzeln anfallen, gut zu einem bekömmlichen, nervenstärkenden Tee verarbeiten. Wenn die Pflanzen fermentiert wurden, bekommt der Tee obendrein einen dem Kakao ähnlichen Geschmack.

Die Höhe der jeweiligen Sorten kann von weniger als 0,5 m bis über 2 m reichen. Die Farbe der behaarten Blätter variiert von hell- bis dunkelgrün. Den Ursprung soll die Pflanze im nordöstlichen Asien haben. Vergeblich hat man bis heute die Wildform dieser Pflanze gesucht. Verwildert ist die Sojabohne in Teilen Afrikas und Australiens anzutreffen.

Früheste kulturgeschichtliche Spuren reichen etwa 5000 Jahre zurück. Somit zählt diese Pflanze auch zu den ältesten Nutzpflanzen der Erde.

TIPP

Da die Pfahlwurzeln der Sojapflanze sehr tief in den Boden treiben, verbessern sie die Bodenqualität und reichern den Boden gleichzeitig auch mit Stickstoff an.

Eine Aufzeichnung aus dem Jahre 2838 v. Chr. lässt Rückschlüsse auf den Beginn der Sojakultur in China zu. Demzufolge soll Kaiser Sheng-Nung höchstpersönlich im Jahre 2796 v. Chr. die wundersame Bohne in den chinesischen Boden gesät haben. Ob der Herrscher allerdings die Tragweite seines Tuns erfasste, wird in der Überlieferung nicht vermerkt. Ebenso im Dunkeln fischen die Gelehrten, ob nun die Koreaner, Japaner, die Mandschus oder die Chinesen die Kultur der Sojabohne vorangetrieben haben. Im alten China jedenfalls gehörte sie neben Reis, Weizen, Gerste und Hirse zu den fünf heiligen Pflanzen.

Es ist anzunehmen, dass die Namen Soja, Soy, Soya oder Soybean auf die chinesische Bezeichnung »sou«, die übersetzt etwa »Große Bohne« heißt, zurückzuführen sind.

Die hierzulande einmal übliche Bezeichnung »Haberlandtsbohne« verdankt sie Prof. F. Haberlandt. Der hatte im Jahre 1875 in der Nähe von Wien den Versuch unternommen, Soja anzubauen, ein Unternehmen, das von wenig Glück begleitet war.

Zufriedenstellender verliefen Versuche des Reichnährstands in der Zeit des Nationalsozialismus – Importe wurden wegen der autonomen Versorgung der Bevölkerung zunehmend eingestellt, bis sie An-

fang 1940 gänzlich verboten wurden. Allerdings wurde ihnen nach dem Ende dieser Ära nicht die nötige Aufmerksamkeit zuteil.
Auch in der ehemaligen DDR gab es Versuche mit dem Anbau von Soja, allerdings blieben auch diese Versuche unbeachtet, obwohl verblüffende Ergebnisse erzielt wurden.

Inhaltsstoffe

Die Sojabohne nimmt unter den pflanzlichen Produkten eine Sonderstellung ein: 40 % Protein, 20 % Öl – davon 2 % Lezithin, 34 % Kohlenhydrate und Ballaststoffe, daneben viele Mineralstoffe.

Gesundheitlicher Wert

Der Soja-Frischpflanzensaft kann zur Rekonvaleszenz, bei Magen- und Darmkatarrhen sowie als Nervennahrung in Stresssituationen genommen werden.
Der Tee ist reich an Lezithin und soll bei Stress ebenfalls Hilfe bringen.
Reife Sojabohnen versorgen den Körper mit vielen lebenswichtigen Aminosäuren.

Die kleine Bohne liefert vor allem Isoflavone – eine Verbindung von Substanzen, die im menschlichen Körper eine milde hormonähnliche Wirkung erzielen. Dadurch soll das Krebsrisiko gesenkt werden und Wechseljahrsbeschwerden, Osteoporose und koronare Herzkrankheiten günstig beeinflusst werden.
Die Isoflavone sollen auch die Haut äußerlich positiv beeinflussen und Alterungsprozesse verlangsamen. Die besten Resultate würden vor allem bei Frauen jenseits der Wechseljahre erzielt, die häufig mit trockener Haut zu kämpfen haben.

Kultur

Ansprüche an Klima und Boden:
Ähnlich unserer Gartenbohne. Bevorzugt werden kalkreiche lockere Böden. Wärmeliebend. Keinerlei Frischdüngung!

Standort:
Sonnig

Aussaattermin:
In günstigen Lagen (ohne späte Nachtfröste) Ende April, ansonsten Anfang Mai (es sollten in schlechteren Lagen frühreife Sorten unter 100 Kulturtagen verwendet werden). Aussaat an Ort und Stelle.

Keimdauer:
Etwa 2 – 3 Wochen, je nach Temperatur

Pflanzabstand:
30 cm × 5 – 8 cm

Pflege:
Auf Verunkrautung achten, manuell pflegen, Pflanzen dabei nicht verletzen. Gekräuselte Blätter können auf eine Virusinfektion, die von Unkräutern übertragen werden kann, hinweisen (bitte nicht mit durch Insektenbefall veränderte Blätter verwechseln). Befallene Blätter sollten entfernt werden.

TIPP

In ungünstigen Lagen kann durch das Abdecken der Sojabohnen-Beetfläche mit einer handelsüblichen Folie der Aussaattermin ebenfalls in den April hinein verlegt werden! Allerdings muss der Erdboden schon ausreichend erwärmt sein, da die Bohnen sonst sehr unterschiedlich auflaufen und kränkeln könnten.

Ernte:
Die Ernte ist vom gewünschten »Produkt« abhängig. Reife Bohnen sollten nach dem Blattabwurf geerntet und nötigenfalls an einem trockenen, luftigen Ort oder im Backofen bei 50 °C vorsichtig nachgetrocknet werden.
Für Tee oder Saft: Grüne Pflanzen während der Blüte ernten.
Grüne Sojabohnen: Während der Reifezeit ernten.

Samengewinnung:
Von ertragreichen gesunden Pflanzen sollten die Bohnen für die kommende Aussaat separat geerntet und verwahrt werden.

TIPP

In Agrarmärkten ist ein Bakteriensubstrat erhältlich, das den Eiweißgehalt der Pflanzen positiv beeinflusst. Hierfür wird das Substrat kurz vor der Aussaat unter das leicht angefeuchtete Saatgut gemischt. Nicht in der vollen Sonne mit dem vorbereiteten Saatgut hantieren: Sonnenlicht zerstört die Bakterien!

In der Küche

Kaum eine Leguminose ist so variabel zu verwenden wie die relativ geschmacksneutrale Sojabohne. Dem steht allerdings eine relativ lange Garzeit gegenüber.
Die Pflanze kann zu Tee oder Frischsaft verarbeitet werden, gekochte grüne Bohnen können ähnlich den uns geläufigeren Erbsen für Abwechslung auf dem Speisezettel sorgen. Aus reifen Bohnen werden die unterschiedlichsten Produkte hergestellt: Kaffee- und Kakaoersatz, Tofu, Sojamehl, Nüsse oder Sojasauce sind nur einige davon.

Rezepte:

Grundrezept fermentierter Tee

*Sojapflanzen
in der Blüte*

Benötigte Hilfsmittel:
*Nudelholz
handelsübliche
Haushaltsfolie
Flanelltuch
Haushaltsschere
oder Messer*

Blühende Pflanzen werden recht früh am Morgen sauber über dem Erdboden abgeschnitten (die Feuchtigkeit des Taus ist für die Fermentation wichtig!). Nach dem Entfernen schadhafter und von Pilzen oder Ungeziefer befallener Blätter werden die Pflanzen zerkleinert. Etwa 1 – 2 cm lange Stücke sind ausreichend. Hiernach werden alle Grünteile mit einem Nudelholz auf einer Holzplatte (Tischplatte oder Arbeitsplatte) tüchtig durchgewalkt, bis sie sich deutlich dunkler färben. Pflanzen fest in Frischhaltefolie einwickeln und mit einem wärmenden Tuch umgeben. Zur Fermentation an einem sonnigen, warmen Ort lagern. Nach etwa drei bis fünf Tagen ist der Vorgang abgeschlossen. Der Tee hat einen leicht silageähnlichen, aber nicht unangenehmen Geruch. Der Tee darf an einem luftigen, schattigen Ort trocknen. Es empfiehlt sich, die Blätter öfters zu wenden, damit sich keine Schimmelnester bilden können und der Tee gleichmäßig trocknet. Wem dieser Vorgang zu lange dauert, kann den Tee auch im Backofen vorsichtig vor- oder nachtrocknen. Fertigen Tee in luftundurchlässigen Behältnissen lagern.

TIPP

Fermentierter Tee kann sehr gut auch im Backofen bei etwa 150 °C getrocknet werden. Bei dieser Methode entwickelt sich ein ausgezeichneter schokoladenähnlicher Geschmack.

Grundrezept Tee (getrocknet)

Blühende Sojapflanzen

Hilfsmittel:
Haushaltsschere
Bindegarn

Blühende Pflanzen sauber über dem Erdboden abschneiden. Nach dem Entfernen schadhafter Stellen und von Pilzen oder Ungeziefer befallener Blätter werden die Pflanzen gebündelt und in kleinen Sträußchen zum Trocknen an einen luftig, schattigen Ort gehängt.
Sobald die Stängel vollkommen trocken sind, wird dieser Tee ebenfalls in luftdichten Behältnissen aufbewahrt. Auch hier kann der Backofen gute Dienste leisten, allerdings schmeckt das so getrocknete Resultat nicht so intensiv wie der fermentierte Tee.

Grundrezept Kaffee (Kinako)

Reife Sojabohnen
Wasser

Hilfsmittel:
Backblech

Kaffeegenuss ohne Koffein!
Nichts ist einfacher, als Kinako im Haushalt selbst herzustellen! Ich habe zwei Varianten ausprobiert und zwei unterschiedliche Ergebnisse erzielt.

Variante A:
Sojabohnen einweichen, das Wasser wie gewohnt nach 15 Minuten abgießen. Die Bohnen in ein wenig Wasser kochen, bis sie relativ weich sind. Bohnen über einem Sieb abtropfen lassen. Sojabohnen auf einem Backblech ausbreiten und etwa 30 Minuten bei etwa 200 °C im Backofen rösten. Bitte die Bohnen öfter wenden, damit sie

TIPP: Wenn ohnehin »Sojabohnenkochen« angesagt ist, empfiehlt es sich, ein paar mehr aufzusetzen, dann lohnt der Aufwand. Die oberen, etwas trockneren Bohnen können dann im Backofen geröstet werden, während die anderen anderweitig wie im folgenden Rezeptteil näher erläutert für alles Mögliche verwendet werden können.

TIPP

Probieren Sie ruhig mal eine Tasse Kinako »türkisch«! Und wer nichts wegwerfen mag, was noch irgendwie verwendet werden könnte, dem sei der »Kaffeesatz« ans Herz gelegt! Getrocknet erinnert er im Geschmack an Nüsse und kann vermengt mit Honig noch einen respektablen süßen Brotaufstrich oder eine wichtige Ingredienz in einem frischen duftigen »Nusskuchen« ergeben.

gleichmäßig kaffeebohnenbraun werden. Verbrennen lassen sollte man sie nicht, dann wird das Resultat ungenießbar bitter!
Die fertigen Soja-Kaffeebohnen in der Kaffeemühle mahlen. Mit kochendem Wasser übergießen. Allerdings versagt der Kaffeeautomat hier seinen Dienst, da sich die Poren der Filtertüten ganz schnell mit dem Pulver zusetzen. Selbst der Versuch, diesen »Kaffee« in einem Teenetz zu brühen, missrät. Am besten daher einen gehäuften Kaffeelöffel Pulver pro Tasse mit heißem Wasser überbrühen und den Kaffee »ziehen lassen«, bis sich das Pulver abgesetzt hat.

Variante B:
Auch bei dieser Methode werden die Sojabohnen für eine Viertelstunde in kaltem Wasser angesetzt. Die Bohnen danach über einem Sieb abtropfen lassen. Anschließend auf einem nicht gefetteten Backblech bei etwa 200 °C etwa 20 Minuten im Backofen rösten, je intensiver die Farbe, desto aromatischer das Getränk (aber nicht verbrennen lassen!).
Auch diese Bohnen müssen öfter gewendet werden, damit sie gleichmäßig bräunen. In einer Kaffeemühle lassen sich die Bohnen problemlos mahlen.
Das Resultat riecht kräftiger, die Farbe des Getränkes ist voller. Allerdings funktioniert auch dieser Kaffeespaß nur ohne Kaffeeautomat, da dieses Pulver für etwa fünf Minuten im Wasser gekocht werden muss! Die ideale Dosierung dazu sind 2 Teelöffel Pulver auf 250 ml Wasser.
Der Aufwand lohnt sich allemal! Das Ergebnis ist ein verblüffend aromatisches Getränk, das durch einen Schuss Milch oder Sahne gekrönt wird.

Sojabohnensalat

300 g reife, trockene Sojabohnen
2 Zwiebeln
Saft von 1 – 2 Zitronen
Salz
Ahornsirup/ Birnendicksaft
Majoran
Pfeffer
Kräuter

Die Sojabohnen in ein Gefäß geben und in frischem Leitungswasser einweichen. Das Wasser muss unbedingt überstehen! Nach einer Viertelstunde wird das Wasser abgegossen. Das Einweichen entzieht den Bohnen die Bitterstoffe und verkürzt zudem die Kochzeit.
Anschließend die Bohnen mit frischem Wasser aufsetzen und bei mäßiger Hitze etwa 1 Stunde köcheln lassen. Bei Bedarf etwas Wasser nachgießen, wenn das Kochwasser gänzlich verdampft ist und die Bohnen anzubrennen drohen. Übrigens löst sich während des Kochvorganges ein Großteil der harten Schalen; sie sollten hin und wieder entfernt werden.
In der Zwischenzeit die Zwiebeln schälen und fein wiegen und mit dem Zitronensaft, den Gewürzen und den Kräutern eine aromatische Marinade bereiten.
Die weich gekochten Bohnen abgießen und in eine Glasschüssel geben. Nach dem Erkalten mit der Marinade vermischen und im Kühlschrank, am besten über Nacht, gut durchziehen lassen.

Sojabohnen-Pastinaken-Bratling

200 g Sojabohnen, püriert
1 Zwiebel
1 – 2 mittelgroße Pastinaken
3 Eier
Salz
Pfeffer
3 EL Vollkornmehl
1 Bund Schnittlauch
Olivenöl zum Braten

Das Sojabohnenpüree zubereiten (s. S. 77). Die Zwiebel schälen und mit den gründlich gereinigten Pastinaken in eine Schüssel raspeln.
Eier, Gewürze, Vollkornmehl und fein gehackten Schnittlauch dazugeben und gut vermischen. Aus der Masse kleine Bratlinge formen und in heißem Olivenöl bei mäßiger Hitze knusprig braun braten.

Sojabohnenpuffer

300 g Sojabohnen
1 – 2 Zwiebeln
Knoblauch nach Geschmack
4 Eier
2 EL Vollkornmehl
Salz
Pfeffer
Majoran
Petersilie
Fett zum Braten

Die Sojabohnen eine Viertelstunde einweichen und anschließend abgießen. Danach in möglichst wenig frischem Wasser 1 – 2 Stunden weich kochen.
Die Bohnen abtropfen und abkühlen lassen. Aus Bohnen, den Zwiebeln und Knoblauch mittels Küchenmaschine, Passierstab oder Flotter Lotte ein Mus bereiten. Eier, Vollkornmehl, Gewürze und die fein gewiegte Petersilie unter das Bohnenmus heben und alles gut vermischen.
Mit einem Esslöffel werden von der Masse kleine Bratlinge abgestochen. Fett in einer Pfanne erhitzen und die Puffer darin bei mäßiger Hitze knusprig braun backen.
Hierzu passt ausgezeichnet ein frischer grüner Salat.

Ich gieße meine Zimmerpflanzen mit dem abgekühlten Einweichwasser der Sojabohnen. Sie danken es mir durch ein ausgezeichnetes Wachstum.

Sojabohnen-Eierkuchen

200 g Butter
250 g Vollrohrzucker
4 – 5 Eier
1 kg Okara (Sojakleie), fein passiert und gut ausgepresst
200 g gemahlene Mandeln
4 EL Dinkelvollkornmehl
5 EL Haferflocken
2 EL Kokosraspel
1 Päckchen Backpulver
Fett und Semmelbrösel oder Mehl für das Blech

Butter mit dem Vollrohrzucker verrühren, die Eier zugeben und alles zu einer cremigen Masse schlagen. Okara, Mandeln, Dinkelmehl, Haferflocken und Kokosraspel dazugeben, das Backpulver zum Schluss beifügen. Den Teig mit dem Knethaken der Küchenmaschine zu einem feuchten Knetteig verarbeiten. Ein Backblech einfetten und mit etwas Semmelbrösel oder Mehl bestäuben und den Teig darauf streichen.
Im vorgeheizten Ofen bei 180 °C etwa 45 Minuten backen, bis der Kuchen schön nussbraun ist.

Okara (Sojakleie) fällt bei der Herstellung von Sojamilch aus Sojabohnen an. Die faserigen Krümel sollten möglichst frisch verwendet werden. Zur besseren Verträglichkeit kann Okara zunächst noch etwas gedämpft oder 10 Minuten in wenig Wasser gekocht werden.

Okara-Champignon-Pastete

1 EL Grünkern
1 EL Reis
1 EL rote Linsen
etwas Salz
100 g Champignons
½ EL Butter
100 g Dinkelvollkornmehl
250 g Okara
nach Geschmack Knoblauch
Meersalz
Pfeffer
Salbei
Liebstöckel
Lavendel
1 Tasse Milch
etwas Butter für die Form

Grünkern, Reis und Linsen in etwas Salzwasser garen und zum Abkühlen beiseite stellen. Die Champignons putzen, in feine Streifen schneiden und in etwas Butter scharf anbraten. Das Dinkelvollkornmehl mit dem Okara vermengen. Abgekühlte Linsen, den Reis und Grünkern dazugeben und Gewürze und Kräuter nach Geschmack sowie die gebräunten Pilze hinzufügen.
Die Milch vorsichtig dosiert dazugeben und die Masse gut verkneten, so dass ein geschmeidiger Teig entsteht. Den Teig zu einem Laib formen und in eine gebutterte Auflaufform geben. Die Pastete im vorgeheizten Backofen bei 200 °C 30 Minuten lang backen.
Es empfiehlt sich, die Pastete mit einer Aluminiumfolie oder mit Backpapier abzudecken, damit sie beim Backen nicht zu sehr austrocknet.

Sojamilch

(ergibt einen Liter)
100 g Sojabohnen
1½ l Wasser

Sojabohnen kurz unter Leitungswasser abspülen, in einen Topf geben und für 15 Minuten zur Entbitterung in mindestens ½ l Wasser einweichen (die Bohnen müssen gut bedeckt sein). Wasser abgießen und die Bohnen abermals für 12 Stunden in etwa 1 l Wasser einweichen. Da die Bohnen ihr Volumen verdoppeln, bitte darauf achten, dass sie reichlich mit Wasser bedeckt sind, bei Bedarf mehr Wasser verwenden.
Danach die Hälfte des verbliebenen Wassers in einen separaten Topf abgießen und zum Kochen bringen. Die Bohnen und das restliche Wasser mit einem Passierstab oder in der Küchenmaschine zerkleinern. Das erhitzte Sojabohnen-Wasser

dazugeben. Den flüssigen Brei unter ständigem Rühren etwa 5 Minuten köcheln lassen. Sojabohnenbrei über einem Baumwolltuch abseihen, Milch auffangen. Die Masse erneut mit Wasser versetzen, kurz aufkochen lassen. Durch ein Baumwolltuch abgießen und gut ausdrücken. Die Milch im kalten Wasserbad rasch abkühlen und im Kühlschrank aufbewahren. Sojamilch ist maximal 24 Stunden haltbar.

Sojabohnenpüree

300 g Sojabohnen
etwa ⅛ l heiße Milch
1 – 2 Zwiebeln
1 EL Butter
Meersalz
1 Bund Petersilie

Die Sojabohnen eine Viertelstunde einweichen, abgießen und in frischem Wasser köcheln lassen, bis sie weich sind.
Die weichen Sojabohnen in der Küchenmaschine oder mit dem Passierstab unter Zugabe der heißen Milch pürieren.
Die Zwiebeln schälen und fein würfeln, in der Butter bräunen. Zwiebelwürfel unter das Bohnenpüree heben und alles mit Meersalz abschmecken.
Die Petersilie fein wiegen und vor dem Servieren unter das Püree heben.
Das Püree kann wie Kartoffelbrei als vielseitige Beilage verwendet werden.

TIPP

Wegen der langen Kochzeit der Sojabohnen empfiehlt es sich, gleich eine größere Menge zu kochen und daraus noch andere Speisen zuzubereiten!

Dicke Bohne/Puffbohne (Vicia faba)

Herkunft, Bedeutung, Geschichte

Wenn die Menschen einer Region den Namen einer Pflanze bekommen – in diesem speziellen Fall wurden die Menschen aus Erfurt scherzhaft »Puffbohniter« (Thüringisches Wörterbuch, Band IV) genannt oder man sagte »Puffbohne« zu den Frauen, wenn sie sich über die Stadtgrenzen hinaus verehelicht hatten – dann muss diese Pflanze im Leben dieser Menschen eine übergeordnete Rolle gespielt haben. Wenn dann noch bedacht wird, welch wunderbaren Duft so ein blühendes Feld Puffbohnen an lauen Sommerabenden verströmt, dann wäre diese Titulierung durchaus als Kompliment zu verstehen und keineswegs, wie heute gern überliefert, scherzhafter Natur. (Allerdings lebt bei den Erfurtern dieser Brauch wieder auf, so bekommen Neugeborene von der Stadt Puffbohnen aus Plüsch, in rosa und hellblau, ziert sich stolz mancher Erfurter mit ihrem Namen.)
Leider hat man allerdings nicht allzu oft Gelegenheit, an einem Feld blühender Puffbohnen entlangzugehen, da sie von den Äckern weitestgehend verschwunden sind. Lediglich im ökologischen Landbau spielen sie mittlerweile wieder eine bedeutende Rolle im Fruchtwechsel.
Die Dicke Bohne, die botanisch übrigens nicht zu den Bohnen, sondern zu den Wicken zählt, gehört zu den ältesten kultivierten Hülsenfrüchten. Bei Ausgrabungen in einer Siedlung in der Nähe von Nazareth wurden verkohlte Bohnen gefunden, deren Alter ungefähr auf 6500 – 6000 Jahre v. Chr. datiert wurde. Bereits in der Bronzezeit wurden sie

auch in Deutschland angebaut. Obwohl die »Elternpflanzen« bereits ausgestorben sein sollen, lässt sich der Ursprung im Mittelmeergebiet und im vorderen Orient vermuten.
Im Anbau ist die Dicke Bohne unproblematisch und kommt auch gut in kälteren Regionen zurecht, zumal sie ein paar Grad Frost verträgt. Außerdem hat sie kaum Probleme auf leicht salzigen Böden, so dass sie früher gern in Küstennähe angebaut wurde. Den Niedergang läutete im 17. – 18. Jahrhundert die Gartenbohne ein, die ihren Weg aus Amerika in unsere Gärten fand.

Inhaltsstoffe

Neben einem hohen Gehalt an Eiweiß weisen Dicke Bohnen beträchtliche Werte an Phosphor, Magnesium, Kalium und Eisen auf.
Rohe Bohnen können bei manchen Menschen allergische Reaktionen oder Unverträglichkeiten auslösen.

Gesundheitlicher Wert

Der hohe Gehalt an Kalium hat positive Auswirkungen auf Herz, Muskeln und Nerven. Herzrhythmusstörungen oder Herzmuskelschwäche können durch zu wenig Kalium entstehen.
Übrigens: Menschen mit starker körperlicher Betätigung benötigen mehr Kalium als Personen, die wenig Bewegung haben.

Getrocknete Bohnenhülsen sollen nicht nur entwässernd wirken und somit Herz- und Nierenleiden positiv beeinflussen (getrocknete Hülsen in Wasser kochen, Tee trinken), sondern auch bei Warzen und Hühneraugen wirken, wenn die zerriebenen grünen Bohnenblätter mehrmals täglich frisch aufgelegt werden.

Kultur

Ansprüche an Klima und Boden:
Relativ anspruchslos, solange der Boden nicht austrocknet. Da die Puffbohne Stickstoff assimilieren kann, bedarf sie keiner Düngung.

Standort:
Sonnig

Aussaattermin:
In günstigen Lagen (ohne starke Nachtfröste) Mitte/Ende März. Bis in den Juni ist ein Nachlegen an Ort und Stelle möglich, so dass sich die Ernte deutlich verlängern lässt.

Auch die Dicke Bohne lässt sich gut unter einer schützenden Folienschicht kultivieren. Allerdings muss sich auch bei dieser Aussaatmethode der Erdboden zuvor erwärmt haben.

Keimdauer:
Etwa 2 Wochen, je nach Temperatur

Pflanzabstand:
50 cm × 30 cm, je 2 – 3 Korn in ein Pflanzloch geben.

Pflege:
Im Jugendstadion auf zu starke Verunkrautung achten.
Gegen einen möglichen Befall der Schwarzen Bohnenlaus kann erfolgreich mit Seifenlauge vorgegangen werden.
Wenn junge, ganze Bohnen zu ernten sind, sollten die Pflanzen mit einem scharfen Messer etwa 10 – 15 cm über dem Boden abgeschnitten werden, dann besteht die Möglichkeit, dass sie erneut aus den Stümpfen austreiben.

Ernte:
Die Ernte ist vom gewünschten »Produkt« abhängig.

Samengewinnung:
Die Bohnen sollten von ertragreichen gesunden Pflanzen für die kommende Aussaat separat geerntet und verwahrt werden.

In der Küche

Die jungen noch zarten grünen Schoten können wie Gartenbohnen oder Zuckererbsenschoten verwendet werden. Die milchigen, halb reifen Bohnen können ausgepult und zu Salaten oder Pasten verarbeitet werden. In Italien werden sie gern geknabbert. Getrocknete Bohnenkerne eignen sich für Eintopf und Suppen.

TIPP

Eine Cremesuppe aus den Kernen der frischen, halb reifen Dicken Bohne schmeckt besonders köstlich.

Puffbohnensalat mit Minze

300 g frische halb reife Dicke Bohnen
300 g frische Sojabohnen (wahlweise auch gemischt mit frischen Kichererbsen)
etwas Salz
1 Eisbergsalat
100 g Räuchertofu
1 Stiel Minze (Spearmint)
Petersilie
Borretschblätter
3 – 4 Schalotten
½ EL Kräuteressig
frisch gemahlener Pfeffer
Meersalz
2 EL Olivenöl
evtl. etwas Vollrohrzucker
Borretschblüten zum Dekorieren

Dicke Bohnen und Sojabohnen auspulen, anschließend zusammen in wenig leicht gesalzenem Wasser etwa zehn Minuten garen.
In der Zwischenzeit den Eisbergsalat putzen und in Streifen schneiden. Die Bohnen nach dem Garen über einem Sieb abtropfen lassen und kurz mit kaltem Wasser abspülen. Den Räuchertofu in feine Streifen schneiden. Kräuter fein hacken. Bohnen mit dem Räuchertofu und Kräutern in eine Glasschüssel geben und gut vermischen.
Aus den fein gehackten Schalotten (die Schloten bitte in feine Röllchen schneiden und gemeinsam mit den Kräutern dem Bohnensalat beimengen), dem Kräuteressig, den Gewürzen und dem Öl eine herzhafte Sauce bereiten. Salatsauce mit Salz abschmecken, wer es etwas lieblicher mag, verfeinert mit ein wenig Vollrohrzucker. Bohnensalat mit der Sauce vermischen und zum Durchziehen für eine halbe Stunde in den Kühlschrank stellen. Vor dem Servieren die Salatstreifen unterheben und mit fein gewiegten Kräutern und den blauen Borretschblüten bestreuen.

TIPP

Statt der Pfefferminze können auch einige fein gewiegte Blätter der Zitronenverbene zum Salat gegeben werden. Zitronenverbene sollte zum Würzen und Aromatisieren grundsätzlich frisch verwendet werden, da sie so das intensivste Aroma hat.

Dicke-Bohnen-Püree mit Kräutern

300 g getrocknete Dicke Bohnen
1 Stängel Liebstöckel
3 – 4 Stiele frischer Dost
5 – 6 Stiele frischer Dill
Meersalz
3 – 4 rote Schalotten samt Schlotten
1 TL Olivenöl
5 – 6 Blätter frischer Salbei
Petersilie nach Geschmack
Pfeffer aus der Mühle
Saft einer Zitrone

Die Bohnen über Nacht (wenigstens 12 Stunden) in Wasser einweichen, danach in ein Sieb abgießen und abspülen. Die eingeweichten Bohnen anschließend mit etwas Wasser in einen Topf geben. Liebstöckel, Dost und Dill waschen, zu einem Sträußchen zusammenbinden und mit den Bohnen eine knappe Stunde unter Zugabe von etwas Meersalz bei milder Hitze garen. Die Bohnen dabei in nicht zu viel Wasser aufsetzen, da sie anschließend im Kochfond püriert werden müssen; lieber während des Garens immer mal etwas Wasser nachfüllen. Schaum, der sich während des Kochens bilden kann, mit einem Schaumlöffel abschöpfen.
Sind die Bohnen weich, den Kräuterstrauß entfernen, das Kochgut leicht abkühlen lassen und pürieren. Sollte das Püree zu flüssig sein, kann es noch eine Weile unter ständigem Rühren eingekocht werden.
Die Schalotten schälen und sehr fein würfeln. Die Schlotten in feine Ringe schneiden und beiseite stellen. Die Schalottenwürfelchen in wenig Olivenöl leicht bräunen und zu dem Bohnenpüree geben. Salbeiblätter und Petersilie fein wiegen und ebenfalls hinzufügen, alles gut vermischen. Mit Meersalz und Pfeffer abschmecken.
Die Schlotten der Schalotten mit ein paar Spritzern Zitronensaft über das Bohnenpüree geben. Nach Belieben mit frischen Zwiebelwürfelchen und ein paar Spitzen frischen Dill verfeinern. Besonders empfehlenswert zu Baguette.

Die Schlotten von Zwiebeln, Schnittlauch oder Schalotten lassen sich mit einer Haushaltsschere besonders gut und schnell in feine Ringe zerteilen.

Bohnenauflauf

4 mittelgroße Zwiebeln
2 EL Olivenöl
4 Tomaten
frische Kräuter (Majoran oder Dost, Quendel oder Gartenthymian, Petersilie)
500 g frische, halb reife Dicke Bohnen (gegart)
Meersalz
2 Knoblauchzehen
6 Scheiben Vollkorntoastbrot
Butter für die Form
würziger Käse zum Überbacken

Die Zwiebeln schälen, in feine Ringe schneiden und in etwas Olivenöl bei mäßiger Hitze bräunen. Tomaten kreuzweise einschneiden, mit heißem Wasser übergießen und schälen, anschließend in feine Würfel schneiden. Kräuter waschen und fein wiegen. Zum Garnieren ein paar Blätter des Quendel (Feldthymians) und der Petersilie beiseite legen.
Wenn die Zwiebeln angenehm duften, abgetropfte Bohnen, Tomatenwürfel und die Kräuter hinzugeben, kräftig verrühren, mit Meersalz abschmecken. Das Bohnengemüse kurz aufkochen und auf der ausgeschalteten Herdplatte zugedeckt etwas durchziehen lassen.
Das restliche Olivenöl mit den durch die Knoblauchpresse gedrückten Knoblauchzehen verrühren. Vollkorntoastbrot knusprig braun rösten und anschließend mit dem Knoblauchöl bestreichen. Brotscheiben und die Bohnenmischung abwechselnd in eine leicht gebutterte Auflaufform schichten. Den Auflauf mit fein geraspeltem Käse bestreuen und im vorgeheizten Backofen bei 200 °C etwa 30 Minuten backen. Vor dem Servieren mit den restlichen, fein gewiegten Kräutern garnieren.

TIPP

Wird die Bohnenmasse püriert und dann zu Auflauf verarbeitet, können Reste des Auflaufs im Kühlschrank aufbewahrt und später gut als »Aufschnitt« verwendet werden!

In Italien oder Spanien wird eine herrlich aromatische Vorspeise aus den Bohnenkernen bereitet: Pro Person eine Hand voll roher, aus der Haut gepulter Kerne mit Petersilie, wilde Rucola und ein paar Blättern Radicchio mischen. Parmesan darüber hobeln, eine Prise Meersalz zufügen und ein paar Umdrehungen aus der Pfeffermühle und reichlich junges Olivenöl darüber geben. Die Krönung bilden einige Tropfen alter Balsamico-Essig. Bis zum Verzehr im Kühlschrank ziehen lassen.

Dicke-Bohnen-Zucchini-Salat

300 g getrocknete Dicke Bohnen
etwas Meersalz
2 – 3 Zucchini
1 EL Butter
Meersalz
Sojausauce (Shoyu)
1 Knoblauchzehe
1 mittelgroße Zwiebel
Zitronensaft
Petersilie

Die Dicken Bohnen über Nacht in reichlich Wasser einweichen. Am nächsten Tag die Bohnen abgießen und mit frischem Wasser und etwas Meersalz zum Kochen bringen und etwa 45 Minuten garen. Eventuell kann ein Kräutersträußchen, beispielsweise mit Majoran, Thymian und Liebstöckel mitgekocht werden.
Die Zucchini in appetitliche Würfel zerteilen und in der Butter zusammen mit etwas Meersalz und Shoyu sowie der gepressten Knoblauchzehe dünsten, bis sie weich aber noch bissfest sind.
Das heiße Zucchinigemüse mit den gut abgetropften Dicken Bohnen in einer dekorativen Glasschale vermischen. Zwiebel schälen und fein hacken. Ist die Masse etwas abgekühlt, gewürfelte Zwiebel unter den Salat heben. Mit Zitronensaft und Meersalz abschmecken und gehackter Petersilie verfeinern.
Vor dem Servieren sollte der Salat etwa 1 Stunde im Kühlschrank durchziehen.

Dicke-Bohnen-Suppe

150 g getrocknete Dicke Bohnen
1 EL Butter
1 Zwiebel
½ EL Senfkörner
3 EL Dinkelvollkornmehl
1 l Bohnenfond
Bohnenkraut
3 Knoblauchzehen
1 Bund Dill
Meersalz
Zitronensaft
1 Bund Petersilie
evtl. etwas Vollrohrzucker oder Birnendicksaft

Die Dicken Bohnen über Nacht einweichen und am nächsten Tag in reichlich Wasser etwa 45 Minuten garen. Bohnen abgießen und den Kochfond dabei auffangen und beiseite stellen.
Butter in einem Suppentopf erhitzen. Zwiebel fein würfeln und mit den Senfkörnern in die Butter geben. Zwiebelwürfel glasig dünsten, das Dinkelvollkornmehl ebenfalls beifügen und zusammen bei mäßiger Hitze bräunen. Bitte darauf achten, dass die Senfkörner nicht schwarz werden, da sie sonst bitter werden!
Mit dem Bohnenfond, der beim Garen der Dicken Bohnen angefallen ist, ablöschen. Nun die Dicken Bohnen, fein gewiegtes Bohnenkraut und gepresste Knoblauchzehen hinzufügen. Die Suppe kräftig verrühren und bei milder Wärmezufuhr aufkochen, zuvor den fein gewiegten Dill beifügen. Darauf achten, dass es nicht anbrennt! Mit Meersalz und einem Spritzer Zitronensaft würzen. Vor dem Servieren mit der gehackten Petersilie bestreuen. Wer es lieblicher mag, kann mit etwas Vollrohrzucker oder Birnendicksaft verfeinern.

Spargelerbse (Tetragonolobus purpureus)

Herkunft, Bedeutung, Geschichte

Die Spargelerbse zählt zu den Leguminosen (Schmetterlingsblütlern) und hat wie auch die anderen in diesem Buch vorgestellten Vertreter dieser Gattung beträchtliche Assimilationseigenschaften. Diese verleihen ihr wohl die unbeirrbare Stetigkeit in ihrem Wachstumsvermögen und die vitale Kraft, bis in den Spätsommer und Herbst hinein Blüten und Früchte bilden zu können. Wenn auch die Form der Schoten ungewöhnlich ist, so ist doch die Blütenfarbe etwas ganz Besonderes. Sie erstrahlt in den kräftigsten und weithin leuchtenden dunkel-, blut- oder mystischroten Farbnuancen. Die Pflanze hat einen hohen Zierwert, den sie bis in den Herbst hinein bewahrt.
Ihren Ursprung soll die Spargel- oder Flügelerbse im Mittelmeerraum haben. Hier wird die Wildform *(var. intermedia Strobl)* noch heute angetroffen. Sie wurde in Südeuropa und Nordafrika domestiziert und etwa seit dem 17. Jahrhundert dort angebaut. Besondere Beachtung fand sie in England, daher wird die Pflanze mancherorts auch »Englische Erbse« genannt.
Die Namen »Spargel- oder Flügelerbse« verdankt diese Pflanze zum einen dem guten Geschmack der zarten, viereckigen Schoten und zum anderen den vier dünnen geradlinig oder gezackten flügelähnlichen »Häuten«, mit denen die Längsseiten bezogen sind. Die Schoten sind zwischen 3 und

7 cm lang. Ausgereift sind sie allerdings holzig und ungenießbar.
Die Spargelerbse ist einjährig. Wegen der buschigen Wuchsform und des Zierwertes kann diese Pflanze wunderbar als Einfassungspflanze in rustikal angelegten Gärten anstelle des langsam wachsenden Buchsbaumes verwendet werden.
Nach dem Aufgehen schieben sternförmig 5 – 7 am Boden liegende Triebe, die sich kontinuierlich weiterentwickeln und aus denen weitere Triebe hervorgehen, was die Unkrautregulierung erschwert. Da die wärmebedürftige Pflanze aber bereits in den späten Nachmittagsstunden bis frühen Abendstunden ihre leicht behaarten Blätter schließt, können während dieser Zeit alle anfallenden Arbeiten rund um diese attraktive Pflanze erledigt werden.
Erst mit dem Absterben der Pflanze endet unter günstigen Bedingungen endgültig auch die Blütenbildung. Während dieser Zeit werden etwa ½ kg genießbare Früchte gebildet; eine Schote wiegt etwa 2 g. Laufendes Durchernten, Unkrautregulierung und Durchlüftung des Bodens fördert die Fruchtbildung. In den Schoten, die nur jung genießbar sind, finden sich etwa 8 – 14 schwarzbraune Samen. Diese dienten früher als Kaffeeersatz.

Inhaltsstoffe

Eiweiß, Mineralien, hier besonders Kalzium und Phosphor, sowie Vitamin A, C und B. Das Öl der Spargelerbsen ist reich an ungesättigten Fettsäuren.

Gesundheitlicher Wert

Spargelerbsen sind ein kalorienarmes Gemüse, das den Körper mit wertvollen Mineralstoffen, allen voran Kalzium, versorgt.

Kultur

Ansprüche an Klima und Boden:
Wärmebedürftig. Nicht vor Mitte Mai (nach den Eisheiligen) ins Freiland säen, wenn mit späten Frösten zu rechnen ist. Eine Vorkultur im Blumentopf ist möglich. Lockerer, humoser Boden, der 3 Jahre lang nicht mit Leguminosen bepflanzt wurde, wird bevorzugt.

Standort:
Sonnig

Aussaattermin:
Mitte Mai bis Mitte Juli

Keimdauer:
10 – 12 Tage

Pflanzabstand:
40 cm × 40 cm

Pflege:
Ein Austrocknen des Bodens sollte verhindert werden. Da die Pflanze wärmeliebend ist: Bitte nicht mit kaltem Wasser gießen! Die Pflanzen sollten, um eine optimale Entwicklung zu gewährleisten, frühzeitig vereinzelt werden. So können die Triebe auch gut in der Küche Verwendung finden, bevor sie verholzen.

Ernte:
Junge, wollfadenstarke Triebe für ein spargelähnliches Gemüse oder eine Cremesuppe, ehe sie verholzen. Grüne Hülsen in einer Länge von etwa 3 – 5 cm. Reife Erbsen im Herbst bei trockenem Wetter, wenn die Hülsen dunkelbraun und restlos trocken sind.

Im »Handbuch des speziellen Gemüsebaus« ist nachzulesen, dass die Spargelerbse gern ranken und klettern würde. In diesem Zusammenhang wird empfohlen, sie an Zäunen zu kultivieren. Leider kann ich diese Empfehlung nicht weitergeben, da »meine« Spargelerbse lediglich buschig wächst.

Samengewinnung:
Die Gewinnung von gutem Saatgut für das kommende Jahr ist unproblematisch. Hierfür sollte eine gut entwickelte Pflanze nicht beerntet werden. Sind die Schoten im Herbst trocken (die Erbsen klappern innen, wenn die Schoten rappeltrocken sind), werden ein paar gut entwickelte Exemplare abgepflückt. Diese können geschlossen kühl und trocken aufbewahrt oder zuvor geöffnet und dann aufbewahrt werden.

In der Küche

Zarte Triebe ohne Blätter können genauso wie die zarten Hülsen zubereitet werden. Ich habe aus den jungen Trieben und Blättern eine Cremesuppe, ähnlich einer Spargelcremesuppe, zubereitet und war vom Geschmack angetan.
Reife Bohnen können in der Küche wie trockene Bohnen oder Erbsen verwendet werden, allerdings ist das Auspulen mühsam, da die getrockneten Spargelerbsen nur einen Durchmesser von etwa 2 mm erreichen.

Ansonsten ist die Verwendung in der Küche äußerst unproblematisch. Die Garzeit der zarten Schoten ist gering. Spargelerbsenschoten sollten immer frisch verwendet werden, da sie nicht lange haltbar sind und rasch Geschmack einbüßen. Die kulinarischen Möglichkeiten sind vielfältig, da sie einerseits wie Spargel, andererseits aber auch wie Zuckererbsen zubereitet werden können.

Junge Pflanzen, die beim Vereinzeln anfallen, können ebenfalls in der Küche verwendet werden. Da die Blätter und Stängel der Spargelerbse zwei- bis dreimal so viel Calcium und Phosphor wie die Hülsen aufweisen, ist der Verzehr obendrein gesund. Werden die Stängel noch wie Spargel zubereitet, steht der vortreffliche Geschmack der positiven Wirkung auf den Organismus um nichts nach. Die Blätter fühlen sich allerdings leicht sandig an.

Spargelerbsen-Grünkern-Auflauf

½ l Gemüsebrühe
250 g Grünkernschrot
500 g Spargelerbsen
etwas Salz
1 Tasse süße Sahne
2 Eier
100 g aromatischer Käse
ein paar Zweige frischer Dill
½ TL Meersalz
Pfeffer aus der Mühle
Muskatnuss
etwas Öl zum Ausstreichen der Form
1 Knoblauchzehe

Die Gemüsebrühe aufkochen, das Grünkernschrot einrühren und unter ständigem Rühren aufkochen. Bei geringer Hitze etwa 15 – 20 Minuten quellen lassen. Darauf achten, dass nichts anbrennt.
In der Zwischenzeit die Spargelerbsen waschen und etwa 5 Minuten in schwach gesalzenem, kochendem Wasser blanchieren. Danach in ein Sieb abgießen und mit fließendem kalten Wasser abspülen. Zum Abtropfen in die Spüle stellen.
Aus der Sahne, den Eiern und dem frisch geriebenen Käse unter Zugabe des fein gewiegten Dills eine Sauce anrühren. Mit Meersalz, Pfeffer und Muskatnuss kräftig abschmecken.
Eine Auflaufform einfetten, mit der Knoblauchzehe ausreiben und abwechselnd Grünkernmasse und blanchierte Spargelerbsen hineinschichten.
Den Auflauf mit der Käse-Sahne-Sauce übergießen und im vorgeheizten Backofen bei 200 °C etwa 15 – 20 Minuten backen.

Spargelerbsensuppe mit Walnusscroûtons

1 große Zwiebel
2 EL Butter
1 l Gemüsebrühe
500 g Spargelerbsen
3 Äpfel
Meersalz
Pfeffer aus der Mühle
Curry
Muskatnuss
⅛ l süße Sahne
2 Vollkornbrötchen
2 EL gehackte Walnüsse
etwas Butter
100 g Weizenkeimlinge
Petersilie zum Garnieren

Die Zwiebel schälen und in feine Würfel schneiden. Etwas Butter in einen Topf geben und die Zwiebelwürfeln darin bräunen. Mit der Gemüsebrühe ablöschen.
Die gereinigten Spargelerbsen in die Brühe geben und zugedeckt etwa 5 Minuten garen. Danach die Äpfel ebenfalls grob geraspelt in die Suppe geben. Nachdem alles noch einmal kurzzeitig aufgekocht wurde, die Suppe passieren. Mit Salz, Pfeffer, Curry und Muskatnuss abschmecken und zum Schluss mit der Sahne verfeinern.
Vollkornbrötchen in kleine Würfel schneiden und zusammen mit den gehackten Walnüssen in etwas Butter in einer Pfanne rösten, dabei ständig umrühren. Die Croûtons mit den Weizenkeimlingen kurz vor dem Servieren unter die Suppe ziehen.
Petersilie gründlich reinigen, fein wiegen und die Suppe damit garnieren.

Spargelerbsengemüse

Meersalz
etwas Butter
1 Prise Vollrohrzucker
4 – 5 Hand voll Spargelerbsen
3 Eier
¼ l süße Sahne
Muskatnuss
1 EL Zitronensaft

In einem Topf etwas schwach gesalzenes Wasser mit ein wenig Butter und etwas Vollrohrzucker zum Kochen bringen. Die Schoten der Spargelerbsen dazugeben und knapp 5 Minuten bei schwacher Hitze garen (bitte kontrollieren, dass sie nicht zu weich werden).
Eier mit etwas Sahne verquirlen und in das gegarte Gemüse einrühren. Nach nochmaligem kurzen Aufkochen das Gemüse vom Herd nehmen und die restliche Sahne zur Verfeinerung einrühren. Mit einem Hauch Muskatnuss und etwas Zitronensaft abschmecken.

Hefekuchen mit Spargelerbsen

Für den Teig:
350 g Dinkelvollkornmehl
½ Würfel Hefe
1 Tasse Milch
1 EL Butter
1 Prise Meersalz
Muskatnuss
Schwarzkümmel oder Dost nach Geschmack

Für den Belag:
400 g Spargelerbsen
1 mittelgroße Zwiebel
3 Knoblauchzehen
1 EL Butter
¼ l Gemüsebrühe
2 Eigelb
Saft einer halben Zitrone
200 g aromatischer Käse
2 Eiweiß
½ TL Roh-Rohrzucker
1 Prise Meersalz
Pfeffer aus der Mühle

Dinkelvollkornmehl in eine Schüssel geben und eine Mulde formen. Hefe mit der lauwarmen Milch und eventuell ein wenig Vollrohrzucker anrühren und in die Mulde geben. Die Hefe etwa 10 Minuten gehen lassen.
Butter, Meersalz und die Gewürze zu dem Mehl geben und alles zu einem Hefestück verkneten. Bitte darauf achten, dass die Hefe nicht mit der Butter in Berührung kommt. Den Hefeteig etwa 30 Minuten an einem warmen Ort gehen lassen.
In der Zwischenzeit Spargelerbsen waschen und putzen. Zwiebel fein hacken, Knoblauchzehen schälen und pressen. Etwas Butter in einem Topf erhitzen. Zuerst die Zwiebel, dann den Knoblauch in der Butter bräunen, Spargelerbsen dazugeben und kurz dünsten. Mit der Gemüsebrühe ablöschen. Gemüse kurz aufkochen lassen und die beiden Eigelb unterziehen.
Den Hefeteig dünn ausrollen und eine Springform damit auslegen, dabei einen etwas höheren Rand formen. Den Teig mehrmals mit einer Gabel einstechen. Den Hefeteig nochmals 10 Minuten gehen lassen.
Die warme Gemüsemasse gleichmäßig auf dem Teig verteilen und mit dem Zitronensaft beträufeln. Käse über dem Gemüse verteilen und den Gemüsekuchen etwa 15 Minuten im vorgeheizten Backofen bei 180 °C backen.
Das Eiweiß zu Schnee schlagen, mit den Gewürzen kräftig abschmecken. Wenn der Käse appetitlich braun geworden ist, die Kuchenform aus dem Backofen nehmen und den Eischnee darüber verteilen. Noch einmal 10 Minuten backen, bis der Eischnee ebenfalls gebräunt ist.

Der Hefekuchen schmeckt kalt und heiß!

Statt Dost können Sie auch Majoran verwenden.

Spargelerbsen-Gemüsepfanne

Das Gemüse reinigen und in appetitliche Stücke zerteilen. Butter in einer größeren Pfanne oder am besten im Wok erhitzen und das Gemüse darin bei mäßiger Hitze dünsten. Mit Meersalz, gepresstem Knoblauch und Shoyu abschmecken. Die fein gewiegten Kräuter kurz vor dem Auftragen unterheben.

Zur Gemüsepfanne passt Reis sehr gut.

200 g Spargelerbsen
2 mittelgroße Möhren
2 zarte Stiele Stielmangold
4 Schalotten
2 kleinere Mairüben
2 kleine Zucchini
100 g junge, grüne Sojabohnen oder Erbsen
1 EL Butter
Meersalz
1 Knoblauchzehe
Shoyu
Petersilie oder Pastinakenkraut

Bei der Gemüsepfanne können sie Ihrer Fantasie freien Lauf lassen. Zu den zarten Spargelerbsen passen auch andere Gemüsearten und frische Kräuter. So schmeckt das Gericht immer wieder neu.

Im Porträt: Mauswicke

Aus der Genbank Gatersleben bekam ich eine Tüte Samen, auf der »*Vicia narbonensis*« geschrieben stand. Die wenigen Samen darin hatten die Form von Kälbermilchzähnen, waren von angenehmer Ockerfarbe und beinah geruchsneutral.
Im Wuchs überzeugte »meine« Mauswicke durch eine rasante Entwicklung, beständiges Blühen – wobei die Blütenfarbe von rosa über hellblau bis nach weiß reichte – und einer überwältigenden Vielzahl an Schoten, in denen bis zu fünf Samen vorkamen. Die Schoten erinnern in ihrem Aussehen in der Tat an Mäuse.

Leider stimmen nicht alle meine Beobachtungen mit den Aufzeichnungen renommierter »Pflanzenfachleute« überein.
So soll die Mauswicke ähnlich der Dicken oder der Ackerbohne sein. Es werden zwar drei Varietäten unterschieden, doch ist »meine« Mauswicke auch diesen relativ unähnlich. Die größte Annäherung ist bei der var. integrifolia zu finden, so dass ich denke, dass die Pflanzen sich bei den Erhaltern unter deren klimatischen Bedingungen weiterentwickeln. Die Mauswicke ist im Vergleich zur Dicken Bohne robuster, kommt mit Trockenzeiten besser zurecht und leidet auch nicht so stark unter Läusebefall.

Die Pflanze ergibt eine Unmenge Futterstroh – das ideale Gewächs also für Kleintierhalter; auch Hühner fahren auf die lanzettenförmigen, nicht gezahnten Blätter total ab.
Die Samen sind relativ mild und lassen sich wie trockene Erbsen oder Bohnen verwenden. Auch die Garzeit ist ähnlich.

Die Mauswicke hat auch dem Auge viel zu bieten. Mit ihren dekorativen Blüten ist sie eine Zierde für den Gemüsegarten. Der Anbau ist recht unproblematisch, da die Pflanzen geringe Ansprüche an den Standort stellt.

Speiserüben (Brassicaceae)

Herkunft, Bedeutung, Geschichte

Die Herkunft der Speiserüben ist nicht genau bestimmbar, allerdings vermutet man den Mittelmeerraum. Raps und Kohl- oder Speiserüben haben die gleiche Stammpflanze. Sie gehören zur Familie der Brassicaceae, sind zweijährig, wobei vorwiegend erst im zweiten Jahr ein Blütenstängel gebildet wird. Die Samen der Pflanzenfamilie sind meist ölhaltig.

Im Herbarium des Otto Brunfels aus dem 16. Jahrhundert ist eine »Rübe« dargestellt, die in der Form den heutigen Sorten gleicht. Auch wird darin verwiesen, dass sie täglich gekocht werden. Um welche Rübe es sich hierbei allerdings handelt, ist nur der Zeichnung zu entnehmen. Doch schon lange vor solchen Notierungen waren Speiserüben bei den Römern und Griechen bekannt.

Wegen des hohen Nährstoffgehaltes zählte sie bis zur Einbürgerung der Kartoffel mit zu den Grundnahrungsmitteln. Doch die Rüben wurden nicht nur zur Sättigung angebaut. Vor allem das Teltower Rübchen wurde von Feinschmeckern besonders geschätzt. Auch Johann Wolfgang von Goethe schätzte die kleinen Rübchen und ließ sie sich in jedem Herbst nach Weimar schicken.

Den Niedergang läutete, der »Steckrübenwinter« 1917/1918 ein. In den schlechten Zeiten wurde die »ostpreußische Ananas« für fast alles verwendet:

Ob als Beigabe beim Brotbacken, Ingredienz der Marmelade, für Makronen oder Sauerkraut; das »Arme-Leute-Gemüse« war geboren. Mittlerweile etabliert sich manche der Rüben in der Novelle Couisine. In der Vollwertkost haben sie sich schon länger einen festen Platz zurück erobert.

Inhaltsstoffe

Eiweiß, Fruchtzucker, Mineralstoffe (Kalium, Magnesium, Phosphor), Vitamine

Gesundheitlicher Wert

Besonders in der Diätetik von Bedeutung, auch für Kindernahrung äußerst interessant, da Rüben kaum mit Nitraten belastet sind. Ferner enthalten Rüben »Betain«, eine Substanz, die neben ihren mild reinigenden Eigenschaften in der Kosmetik auch die Leber entgiften und so vor den Folgen schädlicher Umwelteinflüsse schützen soll. Menschen, die ungern auf ein Quäntchen Alkohol verzichten, sei der regelmäßige Genuss der Speiserüben angeraten. Da Speiserüben schwer verdaulich sind, sollten empfindliche Menschen den Verzehr in rohem Zustand jedoch vermeiden.

TIPP

Kümmel, der übrigens den pikanten Geschmack der Speiserüben ausgezeichnet ergänzt, macht manches Rübenmenü leichter verdaulich.

Mairübe (Brassica rapa L. var. Rapifera)

Herkunft, Bedeutung, Geschichte

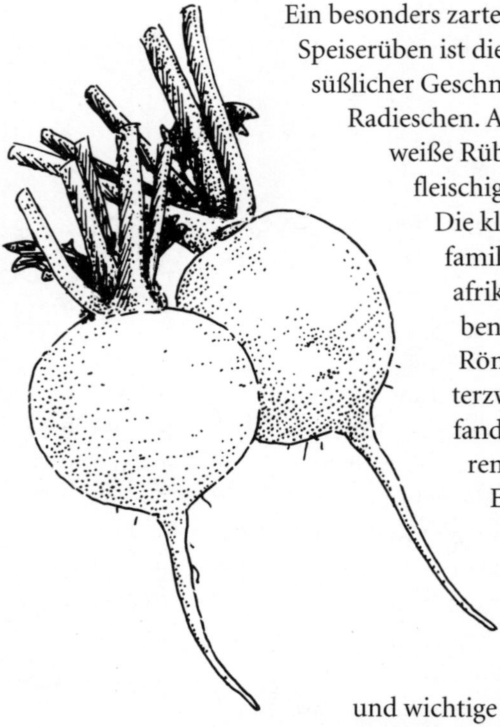

Ein besonders zarter und frühreifer Vertreter der Speiserüben ist die Mairübe. Ihr milder, leicht süßlicher Geschmack ähnelt Kohlrabi und Radieschen. Angeboten werden vor allem weiße Rübchen, es gibt aber auch gelbfleischige und weiß-violette Sorten. Die kleinsten Mitglieder der Rübenfamilie sollen ihren Ursprung im afrikanischen Mittelmeerraum haben. Durch die Griechen und Römer, die sie zu Speise- und Futterzwecken angebaut haben sollen, fand die Rübe schließlich auch ihren Weg nach Europa. Vor der Einführung des Kartoffelanbaus waren die Mairüben auch in Deutschland ein begehrtes Gemüse. Vor allem in kargen Zeiten sorgten sie für Sättigung und wichtige Nährstoffe. Wie den Steckrüben haftet auch ihnen das Image eines »Arme-Leute-Gemüses« an und sie gerieten immer mehr in Vergessenheit.
Mittlerweile wird die Mairübe wieder auf Wochenmärkten oder im Naturkosthandel angeboten.

Inhaltstoffe:

Im Vergleich zu anderen Speiserüben relativ viel Stärke und Fruchtzucker, reichlich Vitamine (viel Vitamin C vor allem in den Blättern), Mineralstoffe und wertvolle Senföle.

Gesundheitlicher Wert

Im zeitigen Frühjahr können bei zeitiger Aussaat bereits die zarten Blätter der Mairübe geerntet werden. Sie können in der gemüsearmen Zeit einen wertvollen Beitrag zur Vitaminversorgung leisten.

Kultur

Ansprüche an Klima und Boden:
Allgemein brauchen die Rüben einen tiefgründigen, lockeren, humosen Sandboden. Staunässe vermeiden. Keinerlei Frischdüngung.

Standort:
Sonnig bis halbschattig

Aussaattermin:
Für Frühkultur: April bis Anfang Mai.
Für die Herbsternte: Juli bis August.
Aussaat an Ort und Stelle, dünn säen und rechtzeitig vereinzeln.

Keimdauer:
Bei günstiger Temperatur schon nach einer Woche

Pflanzabstand:
25 cm × 20 cm

Pflege:
Gegen Verunkrautung ist vorsichtig mit der Hacke vorzugehen, wobei auf die benachbarten Rüben geachtet werden muss, damit diese nicht mit der Hacke verletzt werden.

TIPP

Die zarten, grünen Blätter können wie Spinat zu Gemüse, Salat oder als Suppeningredienz verwendet werden.

Ernte:
Die Haupterntezeit liegt im Mai. Geerntet werden die ganzen Pflanzen, dabei auf die Sauberkeit der Blätter achten. Der Erntetermin richtet sich nach dem Durchmesser der Rüben. Dieser sollte eine Kinderfaustgröße nicht überschreiten.

Samengewinnung:
Ausgesucht gesunde Rüben werden ab Ende April wieder in den Boden gebracht. Sie schieben im Sommer bereits einen holzigen Blütenstängel, der im Herbst mit unzähligen Schoten übersät ist.

In der Küche

Mairüben sind dank ihres milden, etwas an Kohlrabi erinnernden Aromas recht vielseitig zu verwenden. Außerdem bestechen sie durch eine sehr kurze Garzeit. Wegen der ausgewogenen rundlichen Form und ihrer handlichen Größe ist die Mairübe leicht zu verarbeiten. Die Knollen können roh und gekocht verwendet werden. Die jungen Blätter eignen sich für Spinat oder Salat.

In Österreich werden aus den größeren Vertretern, ähnlich den zu Halloween bearbeiteten Kürbissen, dekorative »Laternen« hergestellt.

Mairüben-Cremesuppe

Mairüben, Kartoffeln und Zwiebeln säubern, schälen und würfeln. Die Butter in einen Suppentopf geben und das Gemüse darin andünsten. Mit der Gemüsebrühe ablöschen und das Gemüse etwa 15 Minuten zugedeckt köcheln.
In der Zwischenzeit den Räuchertofu in feine Stifte schneiden. Anschließend die Suppe pürieren, die saure Sahne einrühren und alles mit Meersalz, Pfeffer und frisch geriebener Muskatnuss abschmecken. Den vorbereiteten Räuchertofu und die fein gehackten Kräuter zur Verfeinerung unterziehen.

3 – 4 mittelgroße Mairüben
4 mittelgroße Kartoffeln
2 Zwiebeln
1 EL Butter
1 l Gemüsebrühe
100 g Räuchertofu
¼ l saure Sahne
Meersalz
Pfeffer
Muskatnuss
Petersilie
Schnittlauch

Rohkost von Mairüben und Sprossen

Die Mairüben schälen und in feine Streifen schneiden. Eine Glasschüssel mit der Knoblauchzehe ausreiben und die Rübenstreifen mit den Sprossen darin mischen. Aus Öl, Salz, Pfeffer und Zitronensaft eine Marinade bereiten und den Salat unterheben. Mit den gehackten Kräutern bestreuen.
Den Salat auf Tellern anrichten, mit den geviertelten Eiern und Radieschenscheiben garnieren.

2 – 3 mittelgroße Mairüben
1 Knoblauchzehe
150 g Linsensprossen
2 EL Öl
Salz
Pfeffer
1 EL Zitronensaft
Kresse
Petersilie
4 hart gekochte Eier
etwa 10 Radieschen

Mairübenauflauf mit Champignons

2 – 3 Mairüben
etwas Salz
300 g Champignons
1 – 2 Zwiebeln
Butter zum Anbraten und für die Form
Salz
Pfeffer
1 Knoblauchzehe
Petersilie
200 g mittelalter Gouda
100 g Butter
¼ l süße Sahne

Mairüben schälen, in appetitliche Stücke teilen und in ein wenig Salzwasser zugedeckt angaren (knapp 5 Minuten). Anschließend die Rüben über einem Sieb abgießen und abtropfen lassen.
In der Zwischenzeit die Champignons putzen, waschen und in grobe Stücke schneiden. Die Zwiebeln fein würfeln. Zwiebeln und Pilze in etwas Butter gut anbraten, danach salzen und pfeffern. Eine Auflaufform ausbuttern, mit der Knoblauchzehe ausreiben. Die Mairübenstücke auf dem Boden der Auflaufform verteilen, die Pilz-Zwiebelmasse darüber geben. Petersilie waschen, trocken schütteln, fein wiegen und darüber streuen. Den Abschluss bildet der Gouda, der gerieben und von Butterflöckchen und der leicht geschlagenen süßen Sahne gekrönt, den Auflauf vervollständigt. Im vorgeheizten Backofen bei 200 °C etwa 20 Minuten überbacken.

TIPP

Nicht die ganze Petersilie auf einmal verwenden! Lieber kurz vor dem Servieren den Auflauf nochmals mit fein gewiegter Petersilie bestreuen – das schmeckt umso besser. Sollte das Laub an den Mairüben noch frisch sein, kann es ebenfalls fein gewiegt über den Auflauf verteilt werden.

Mairüben-Pastinaken-Salat

Das Gemüse gründlich reinigen, eventuell schälen (schadhafte Stellen in der Schale beseitigen). Mairübe, Äpfel und Pastinake grob raspeln. Paprika und die Zwiebeln in feine Streifen bzw. Ringe schneiden. Die Kräuter waschen und fein wiegen. Gemüse und Äpfel in einer dekorativen Glasschüssel vermischen. Aus Zitronensaft, etwas Salz und Vollrohrzucker sowie dem Öl eine Marinade anrühren und die Kräuter dazugeben. Den Salat mit der Marinade übergießen. Den Salat noch einmal gründlich vermischen, dann kann serviert werden.

1 mittelgroße Mairübe
2 Äpfel
1 mittelgroße Pastinake
1 Paprikaschote
1 – 2 Zwiebeln
Schnittlauch
Dill
Portulak

Für die Marinade:
½ – 1 EL Zitronensaft oder Apfelessig (nach Geschmack)
Salz
Vollrohrzucker
2 EL kaltgepresstes Sonnenblumenöl oder Kürbiskernöl

Mairübensuppe mit Haselnusscroûtons

Zwiebel schälen und in feine Würfel zerteilen. Die Mairüben in dünne Schnitze schneiden oder grob raspeln. Anschließend die Zwiebelwürfeln in der Butter nicht zu stark bräunen. Mit der Gemüsebrühe ablöschen. Die vorbereiteten Mairüben dazugeben und zugedeckt etwa 5 – 10 Minuten garen. Die Äpfel ebenfalls grob raspeln und zur Suppe geben. Alles noch einmal kurzzeitig aufkochen, danach die Suppe passieren und mit einem Schuss Zitronensaft sowie Salz, Pfeffer, Curry und geriebener Muskatnuss abschmecken. Die Suppe mit der Sahne verfeinern.
Vollkornbrötchen in kleine Würfel schneiden. Haselnussöl in einer Pfanne erhitzen und die Brotwürfel zusammen mit den gehackten Haselnüssen unter ständigem Rühren rösten.
Die Croûtons kurz vor dem Servieren unter die Suppe rühren.

1 große Zwiebel
2 – 3 mittelgroße Mairüben
etwas Butter
1 l Gemüsebrühe
3 Äpfel
Saft einer halben Zitrone
Salz
Pfeffer
Curry
Muskatnuss
⅛ l süße Sahne
2 Vollkornbrötchen
etwas Haselnussöl zum Rösten
2 EL gehackte Haselnüsse

Mairübenragout mit Bandnudeln

100 g Champignons
1 große Zwiebel
1 mittelgroße Pastinake
2 mittelgroße Mairüben
1 EL Butter
1 Tasse Gemüsebrühe
Meersalz
1 EL Zitronensaft
Pfeffer aus der Mühle
Muskatnuss
⅛ l Sahne
3 EL gehackte Petersilie
300 g Vollkorn-Bandnudeln

Die Pilze putzen und in dünne Scheiben teilen. Die Zwiebel schälen und fein würfeln. Pastinake reinigen und in feine Stifte schneiden. Mairüben schälen und grob raspeln. Butter in einem Topf erhitzen und die Zwiebel zusammen mit der Pastinake andünsten. Mit der Gemüsebrühe ablöschen. Die vorbereiteten Pilze und Mairüben dazugeben. Alles zugedeckt etwa 5 Minuten ordentlich köcheln lassen.
Danach mit Salz, Zitronensaft, Pfeffer und Muskatnuss abschmecken und mit süßer Sahne verfeinern. Die Petersilie kurz vor dem Servieren unterheben. Gleichzeitig die Bandnudeln garen und zusammen mit dem Ragout servieren.

Mairübensalat mit Weizenkeimlingen

150 g Joghurt
1 EL Zitronensaft
1 EL Honig
Meersalz
Pfeffer aus der Mühle
2 EL kaltgepresstes Sonnenblumenöl
2 – 3 mittelgroße Mairüben
10 – 15 Radieschen
4 EL frische
fein gehackte Gartenkräuter
100 g Weizenkeimlinge
50 g mittelalter Gouda

Joghurt mit Zitronensaft, Honig, Meersalz, Pfeffer und Sonnenblumenöl zu einer Salatsauce verrühren. Mairüben schälen und grob raspeln. Radieschen putzen und in appetitliche Stücke schneiden. Mairüben und Radieschen zusammen mit den frischen Gartenkräutern in einer dekorativen Glasschüssel anrichten. Die Weizenkeimlinge darüber geben und abschließend alles gut mit der Sauce vermengen.
Zum Schluss den Salat mit fein gewürfeltem Gouda bestreuen und servieren.

TIPP

Der Salat kann auch auf Salatblättern angerichtet und mit Radieschenscheiben dekoriert werden.

Mairübe mit Quinoafüllung

4 mittelgroße Mairüben
½ l Gemüsebrühe
120 g Quinoa
1 Zwiebel
1 Knoblauchzehe
1 EL Butter
200 g Champignons
60 g Frischkäse
Meersalz
Pfeffer
3 EL fein gewiegter Schnittlauch
2 EL Butter
100 g aromatischer Käse
Petersilie zum Garnieren

Die Mairüben schälen und von der Wurzel her vorsichtig mit einem spitzen Küchenmesser oder einem Apfelausstecher aushöhlen, so dass ein etwa 1 cm breiter Rand übrig bleibt. Die vorbereiteten Mairüben nun unter ständiger Aufsicht in der Gemüsebrühe bei mäßiger Hitze kochen, bis sie weich, aber noch bissfest sind. Danach die Rüben aus der Gemüsebrühe nehmen und in eine Auflaufform stellen. Gemüsebrühe wieder zum Kochen bringen und die Quinoa einstreuen. Das Getreide etwa 15 Minuten bei mäßiger Hitze garen. Auf der ausgeschalteten Herdplatte noch etwas ausquellen lassen.
In der Zwischenzeit Zwiebel schälen und fein hacken, Knoblauchzehe pressen und beides in der Butter anbraten. Pilze putzen, in feine Scheiben schneiden und zu den Zwiebeln geben. Pilze ebenfalls kräftig schmoren.
Leicht abgekühlte Quinoa mit dem Frischkäse, etwas Meersalz, Pfeffer und dem Schnittlauch mischen. Die Zwiebel-Pilz-Mischung ebenfalls dazugeben und alles gut vermengen. Die Getreide-Pilz-Masse in die vorbereiteten Mairüben füllen. Die aus den Mairüben ausgetretene Flüssigkeit auf dem Boden der Auflaufform nicht abgießen! Abschließend ein paar Butterflöckchen und etwas Käse über die gefüllten Mairüben verteilen und das Gemüse bei 200 °C etwa 15 Minuten überbacken.
Vor dem Servieren nur noch mit fein gewiegter Petersilie bestreuen.

TIPP

Dieses Rezept kann durch Zugabe von Räuchertofu oder Räucherseitan geschmacklich verändert werden.

Im Porträt: Quinoa

Durch Zufall stieß ich auf dieses ungewöhnliche Getreide, das eigentlich gar kein Getreide ist. Quinoa (Chenopodium quinoa) gehört wie der »Gute Heinrich« zur Familie der Gänsefußgewächse. Hierzulande ist die Pflanze unter ihrer Bezeichnung Reismelde geläufiger. Sie ist in manchem Garten in vielen Farbnuancen von grün bis violett zu sehen. Beeindruckend neben dem Farbenspiel ist auch die stattliche Höhe, die die »Hochanden-Melde« erreichen kann: bis zu 2 m immerhin!

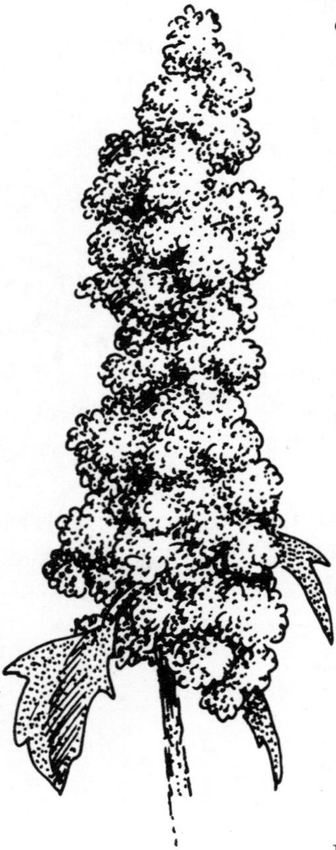

Auch in Deutschland soll vor und während des 1. Weltkrieges Quinoa angebaut worden sein. Allerdings geriet der Anbau bald in Vergessenheit.

Zu Unrecht. Die Körner haben einen angenehm nussigen Geschmack. Außerdem machen sie die Inhaltsstoffe zu einem kleinen (im wahrsten Sinne des Wortes, der Durchmesser beträgt etwa 1 – 2 mm) und der Gesundheit äußerst zuträglichen Kraftpaket.

Mit mehr als 15 % Eiweiß übertrifft das kleine Korn bei weitem Weizen, Gerste und Mais. Außerdem sollen sich in Quinoa alle wichtigen Aminosäuren finden. Die biologische Wertigkeit wird daher höher eingestuft als bei allen anderen Getreidearten. Ferner enthält sie überwiegend ungesättigte Fettsäuren, allen voran die wichtige Linolsäure. Da außerdem viele Mineralstoffe wie Eisen, Zink, Kalzium und Magnesium und verschiedene Vitamine

der B-Gruppe und Vitamin E vorhanden sind, ist das kleine Korn für die menschliche Ernährung interessant.
Auch die milden, aromatischen Blätter können verzehrt werden, sei es als Salat oder Spinat. Übrigens sollen gerade sie, verglichen mit den heimischen Blattgemüsearten, den höchsten Protein- und Mineralstoffgehalt aufweisen. Sie können, sobald die Pflanze eine stattliche Größe erreicht hat, laufend gepflückt werden.

Übrigens braucht man nur ein paar der im Handel angebotenen Quinoakörner in die Erde zu streuen, um sich ein Bild von der Urwüchsigkeit dieser Pflanze machen zu können. Da die Reismelde überdies äußerst dekorativ ist, kann sie selbst im Blumenbeet ihren Platz finden. Die Direktsaat ist ab Mai ins Freiland möglich. Der Pflanzabstand sollte etwa 50 cm × 20 cm betragen.

Teltower Rübchen (Brassica rapa subvar. pygmaea)

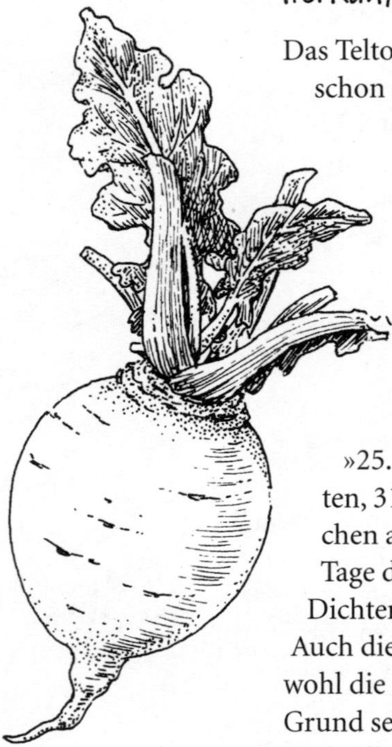

Herkunft, Bedeutung, Geschichte

Das Teltower Rübchen ist eine Zwergform der schon äußerst milden, weißen Rübe. Sie erreicht einen Durchmesser von 2 – 5 cm. Hauptanbaugebiete waren die sandigen Böden in Teltow bei Potsdam. Goethe hat diese kleine, absolut zarte Versuchung vergöttert. Einer Aufzeichnung von Goethes Diener, Friedrich Krause, ist zu entnehmen, mit welcher Leidenschaft Goethe die kleinen Rübchen zu verzehren pflegte:

»25.12.1831 Märkische Rübchen mit Coteletten, 31.12. ebenso, Rübchen mit Fleischklößchen am 07.01.1832, Rübchen mit Zander drei Tage danach, der 24.01.1832 bescherte dem Dichterfürsten Rübchen mit Gans …«.

Auch diese Pflanze erlebt eine Wiedergeburt, obwohl die Rübchen doch sehr klein und aus diesem Grund sehr zeitaufwändig in der Verarbeitung sind. Allerdings soll diese Renaissance hierzulande eine etwas schwierigere Geburt gewesen sein, da kaum noch qualitativ hochwertiges Saatgut vorhanden war. In Frankreich hingegen war das anders. Die Franzosen hegten ihr *»navets de Teltow«*, die die französischen Truppen um Napoleon während der Befreiungskriege um 1813 in ihre Heimat entführt hatten.

Die Rübchen gedeihen gut auf sandigem Boden. Sie sind eine klassische Herbst- und Winterfrucht.

Inhaltsstoffe

Asparagin, Betaine, Mineralstoffe, Vitamine und Senföle. Die Blätter liefern viel Vitamin C.

Gesundheitlicher Wert

Der leichte Rettichgeschmack deutet auf den Gehalt an wertvollen Senfölen, die antimikrobiell wirken, hin.

Kultur

Ansprüche an Klima und Boden:
Tiefgründiger, lockerer sandiger Boden ist ideal. Auch hier: keinerlei Frischdüngung! Auf ausreichende Feuchtigkeit achten.

Standort:
Vorwiegend sonnig

Aussaattermin:
April bis August, an Ort und Stelle, dünn säen und rechtzeitig vereinzeln. Spätaussaat ist zu bevorzugen, da die Rüben besonders gut schmecken, wenn sie Frost ausgesetzt waren.

Die zarten, grünen Blätter können als Gemüse, Salat oder Suppeningredienz zubereitet werden oder anstelle von Petersilie in Gemüsegerichten verwendet werden.

Keimdauer:
Bei günstiger Temperatur schon nach einer Woche

Pflanzabstand:
10 cm × 20 cm

Pflege:
Gegen Beikraut ist vorsichtig mit der Hacke vorzugehen. In trockenen Wetterphasen sollte eine ausreichende Bewässerung gewährleistet werden, damit das Rübcheninnere nicht wattig wird.

Ernte:
Die Haupterntezeit kann bereits im August/September einsetzen, allerdings sollten dann die Knollen vor dem Verzehr erst in der Gefriertruhe

durchgefroren werden. Geerntet werden die ganzen Pflanzen, wobei auf Sauberkeit der Blätter geachtet werden sollte, da diese ebenfalls in der Küche Verwendung finden können.

Die kleine Knolle schmeckt am besten, wenn sie wenigstens einmal kräftigen Frost bekommen hat.

Samengewinnung:
Ausgesucht gesunde Rüben werden ab Ende April wieder in den Boden gebracht. Sie schieben im Sommer bereits einen holzigen Blütenstängel, der im Herbst mit unzähligen Schoten übersät ist.

In der Küche

Das Teltower Rübchen ist dank des mild-süßlichen, etwas an Radieschen erinnernden Aromas recht vielseitig zu verwenden. Werden die kleinen Knollen zu Rohkost verarbeitet, entfällt das aufwändige Schaben. Zarte Blätter können auch zu Salaten oder Gemüse verarbeitet werden.

Rezepte:

Rübchenbacklinge

1 Tasse Vollkornreis
½ l Gemüsebrühe
½ TL Meersalz
1 – 2 EL Sonnenblumenkerne
1 kleine Pastinake
10 Teltower Rübchen
1 EL Butter
1 Ei
1 EL Magerquark
2 EL Petersilie, fein gehackt
1 EL Dill, fein gehackt
Pfeffer
½ TL Meersalz
ungehärtetes Kokos- oder Palmfett zum Braten

Reis in die kochende Gemüsebrühe geben und etwa 30 Minuten langsam garen, eventuell nachquellen lassen (Einweichen über Nacht verkürzt die Garzeit). Sonnenblumenkerne in einer trockenen Pfanne rösten. Pastinake und Rübchen putzen, raspeln und in der Butter kurz dünsten, bis sie leicht glasig aussehen. Reis und Gemüse in eine Schüssel geben. Sonnenblumenkerne grob zerkleinern und mit Ei und Quark hinzufügen. Mit gehackten Kräutern, Pfeffer und Salz würzen und alle Zutaten gut miteinander mischen.
Den Teig abschmecken und bis zu 12 Backlinge formen. Fett in einer Pfanne erhitzen und die Backlinge von beiden Seiten appetitlich braun braten. Noch etwas feiner werden die Bratlinge, wenn sie in einer Mischung aus Okara (Sojakleie) und Käse paniert werden.

Herbstrübe (Steckrübe)
(Brassica rapa L. var. rapa subvar. Esculenta)

Herkunft, Bedeutung, Geschichte

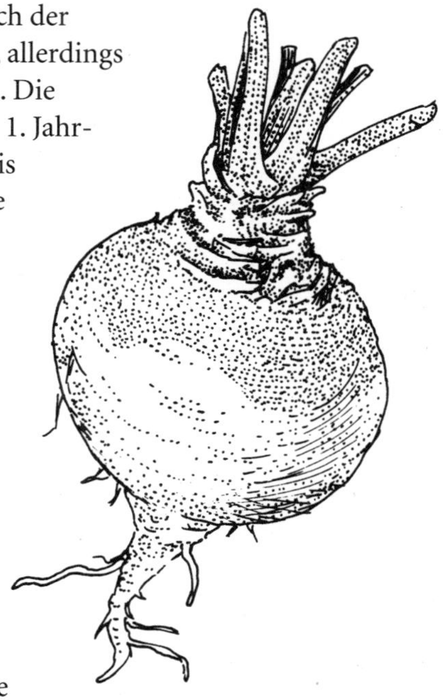

Die Herkunft der Speiserüben, somit auch der Herbstrübe, ist nicht genau bestimmbar, allerdings vermutet man hier den Mittelmeerraum. Die geschichtliche Erwähnung soll bis in das 1. Jahrhundert nach Christus zurückreichen. Bis zur Einbürgerung der Kartoffel zählte sie bei uns zu den Grundnahrungsmitteln. Durch die Vollwert-Ernährung haben sich die Steckrüben hierzulande wieder einen festen Platz zurückerobert. Das mag zum einen am niedrigen Kaloriengehalt liegen, andererseits ist der Gehalt an Mineralstoffen, Vitaminen und Ballaststoffen ordentlich, wobei kaum Nitrat im Fleisch der Rübe vorhanden ist. Ein weiterer beachtenswerter Aspekt ist die relativ frühe oder späte Aussaat. Steckrüben können beispielsweise ins bereits abgeerntete Beet (z. B. nach Erbsen) gesät werden. Dies erhöht die Kapazität eines kleinen Gartens ungemein. Ein altes Bauernsprichwort sagt von den Herbstrüben: »Wer Rüben säen will, der hänge den Pflug an den Erntewagen.«

Inhaltsstoffe

Eiweiß, Fruchtzucker, Mineralstoffe wie Kalium, Magnesium, Phosphor, Vitamine, vor allem Vitamin C

Gesundheitlicher Wert

Eine Mischkost mit möglichst vielen, als gesund eingestuften Nahrungsmitteln kann die Wahrscheinlichkeit an Krebs zu erkranken, um etwa 30 % verringern. Zu diesem Ergebnis gelangte das National Institutes of Health im US-Staat Maryland, das die Daten von 42.000 Teilnehmerinnen auswertete. Zur Prävention wurden 23 Lebensmittel angegeben, deren regelmäßiger Konsum vor Erkrankung schützen soll; die Vertreter der Speiserüben fallen darunter.

Kultur

Ansprüche an Klima und Boden:
Anspruchslos. Gedeiht bei ausreichender Feuchtigkeit auf fast allen Böden gleich gut. Verträgt keinerlei Frischdüngung.

Standort:
Sonnig bis halbschattig

Aussaattermin:
Ende Juni bis Anfang August

Keimdauer:
Unter günstigen Bedingungen etwa drei Wochen

Gegen Erdflöhe kann man Senf mit in das Beet säen. Das hält die Flöhe fern!

Pflanzabstand:
50 cm × 20 cm

Pflege:
Steckrüben sind der ideale Nachfolger nach der Ernte der Frühkartoffeln. Nachdem das Saatbeet vorbereitet wurde, wird dünn gesät. Auf Bormangel reagieren die Rüben empfindlich. Schädlinge

sind Drahtwürmer, Erdflöhe, Kohlfliegen. Tagetes oder Senf schaffen Abhilfe. Die jungen Pflanzen sollten vor all zu starker Verunkrautung geschützt werden. Optimale Bodengesundheit verhindert die Kohlhernie.

Ernte:
Ehe stärkere Fröste übers Land ziehen, sollten die Herbstrüben geerntet und in Keller, Miete oder Kühlraum gelagert werden.

Samengewinnung:
Die Herbstrübe ist zweijährig, d. h. im ersten Jahr entwickelt sie sich vegetativ und im zweiten Jahr setzt sie Blüten an. Ausgesuchte Rüben werden möglichst lange im Garten belassen und später im Keller oder in einer Miete über Winter eingelagert. Im Frühjahr können die Rüben ausgepflanzt werden. Die Blüte setzt dann je nach Witterung im Juni ein.

In der Küche

Die Verwertung ist problemlos. Die Rüben haben eine glatte Schale, an der kaum Schmutz haften bleibt. Die Pflanze bildet eine Pfahlwurzel aus, daher muss kein dichtes Wurzelwerk entfernt werden.
Die Rüben können nicht nur für Suppen und Eintöpfe verwendet werden. Sie eignen sich auch für Salate und Gemüsegerichte. Aus Herbstrüben kann zudem ein äußerst aromatischer »Sauerkohl«, der jeden Sauerkrautliebhaber beeindruckt, zubereitet werden.

TIPP

Als sehr wirkungsvoll gegen die Pilzinfektion Kohlhernie erweist sich der Einsatz von kohlensaurem Kalk (im Infektionsfall auf das für den Kohl vorgesehene Beet 200 g je qm streuen und gut unterarbeiten). Befallene Pflanzen gehören nicht auf den Kompost!

Steckrüben-Gemüse-Eintopf

2 große Zwiebeln
1 EL Butter
eine Hand voll Gerstengraupen
etwas Salz
evtl. etwas Knoblauch
1 kleine Steckrübe
2 Möhren
1 Sellerie
4 mittelgroße Kartoffeln
2 Lauchstangen
1 kleines Stück frischer Ingwer
Liebstöckel
Beifuß nach Geschmack
1 Pastinake
Meersalz
Pfeffer
Räuchertofu oder Seitan »Kassler Stück«
4 EL fein gewiegte frische Kräuter

Zwiebeln schälen und fein würfeln. Etwas Butter in einem Topf erhitzen und eine der Zwiebeln darin bräunen. Mit 1½ l Wasser ablöschen. Graupen in den Topf geben und schwach salzen. Nach Geschmack etwas Knoblauch zufügen.
Das Gemüse putzen, Steckrüben, Möhren, Sellerie und Kartoffeln in Würfel, Lauch in Ringe schneiden. Ingwer in feine Streifen zerteilen. Das Wasser mit den Graupen zum Kochen bringen und das Gemüse mit dem Ingwer hineingeben. Etwas frischen Liebstöckel und Beifuß ergänzen das Aroma der Suppe. Die restliche Butter in einer Pfanne erhitzen und die zweite Zwiebel und die ebenfalls fein gewürfelte Pastinake darin bräunen, schwach salzen.
Die Suppe mit Meersalz und Pfeffer abschmecken. Räuchertofu oder Seitan in feine Streifchen schneiden und in der Suppe kurz aufkochen lassen. Die Kräuter unterziehen und kurz vor dem Servieren die Zwiebel- und Pastinakenwürfeln in die Suppe einrühren.

Steckrübenschnitten mit Kräutersauce

1 mittelgroße Steckrübe
½ l Gemüsebrühe
3 EL Okara
2 EL feine Haferflocken
3 EL Dinkelvollkornmehl
2 Eier
Meersalz
Pfeffer
½ TL Senf
ungehärtetes Kokos- oder Palmfett zum Braten

Für die Kräutersauce:
200 g Joghurt
100 g Quark
etwas Meersalz
Pfeffer
½ TL Honig
je 1 EL frisch gehackter Schnittlauch
Dill
Petersilie
Borretsch
Pimpernell

Die Steckrübe dünn schälen und in 1 cm dicke Scheiben zerteilen. Gemüsebrühe erhitzen und die Steckrüben darin zugedeckt 10 – 12 Minuten garen. Anschließend die Rüben zum Abtropfen und Auskühlen auf einen Rost legen.
In der Zwischenzeit Okara (Sojakleie) mit den Haferflocken auf einem flachen Teller mischen, Dinkelvollkornmehl auf einen zweiten Teller geben. Das Ei über einem tiefen Teller aufschlagen, salzen und pfeffern und mit dem Senf verquirlen. Steckrübenscheiben zuerst im Dinkelmehl wälzen, vorsichtig abklopfen und im gewürzten Ei wenden. Abschließend in der Okara-Haferflocken-Mischung panieren. Fett in einer Pfanne erhitzen und die Steckrüben-Schnitten goldgelb braten.
Für die Kräutersauce Joghurt, Quark, etwas Meersalz und Pfeffer, Honig sowie die gehackten Kräuter vermischen und alles gut abschmecken.
Die gebackenen Steckrüben mit der Kräutersauce am besten zu Vollkornreis oder Pellkartoffeln servieren!

Steckrüben-Cremesuppe

2 mittelgroße Steckrüben
8 Kartoffeln
1½ l Gemüsebrühe
⅛ l süße Sahne
Salz
frisch geriebene Muskatnuss
Saft einer Zitrone
Kümmel, gemahlen
eventuell 1 – 2 Eier

Steckrüben und Kartoffeln schälen, waschen und würfeln. Gemüsebrühe zum Kochen bringen und die Rüben- und Kartoffelstückchen hineingeben. Gemüse garen und die Suppe anschließend mit einem Pürierstab pürieren. Süße Sahne dazugeben und mit Salz, Muskatnuss und Zitronensaft würzen. Nach Geschmack mit gemahlenem Kümmel abschmecken.
Wer die Suppe noch sämiger mag, kann noch 1 – 2 Eier unterziehen.

Stielmus: (Brassica rapa subvar. pygmaea oder Brassica rapa L. var. Rapifera).

Herkunft, Bedeutung, Geschichte

Das auch unter dem Namen Rübstiel, Streif- oder Stengelmus vor einigen Jahrzehnten noch viel bekanntere Gemüse erlebt zu Recht mittlerweile wieder ein Comeback. Das Gemüse wurde früher vorwiegend in Westfalen und im Rheinland angebaut.
Bei Stielmus kann es sich um das Kraut von Speiserüben, hier vorzugsweise der Mairübe oder dem zarten Teltower Rübchen, handeln.
Dieses sollte verwendet werden, solange es zart ist. Eine Rübenbildung sollte nicht abgewartet werden. Ideal ist das Kraut, das beim Vereinzeln der Pflanzen anfällt.
Es gibt mittlerweile aber auch wieder »richtigen« Stielmussamen. Bei Pflanzen aus diesem Samen bildet sich keine knollenförmige Wurzelverdickung, es herrscht die Blattbildung vor.
Die Blätter werden, wenn sie eine Höhe von etwa 15 cm erreicht haben, mit einem scharfen Küchenmesser dicht über dem Boden abgeschnitten.
Die Kultur des Stielmus ist einfach. Die Aussaat kann ab Februar im Folientunnel oder Gewächshaus erfolgen oder ab April ins Freiland. Stielmus kann in Reihen gesät oder breitwürfig ausgebracht werden. Eine dichte Aussaat bringt mehr zartere Stängel hervor. Als Mischkultur und »Lückenfüller« durchaus brauchbar.

Inhaltsstoffe

Stängel und Blätter enthalten besonders viel Vitamin C und Senföle.

Gesundheitlicher Wert

Senföle sind wertvolle bioaktive Substanzen, die vor allem Bakterien in den ableitenden Harnwegen entgegenwirken. Eine hohe Zufuhr durch die tägliche Kost soll daher vorbeugend gegen eine Infektion der Harnwege wirksam sein.
Werden die Stängel schon im zeitigen Frühjahr geerntet, können sie einen wichtigen Beitrag zur Vitaminversorgung in dieser Jahreszeit leisten.

Kultur

Ansprüche an Klima und Boden:
Anspruchslos. Gedeiht auf fast allen Böden gleich gut, bei ausreichender Feuchtigkeit. Die Pflanzabstände sollten eingehalten werden, damit sich eine ausreichende Blattmenge entwickeln kann.

Standort:
Sonnig bis halbschattig

Aussaattermin:
März bis Anfang Juni.
Auch Herbstkultur ist möglich.

Keimdauer:
Unter günstigen Bedingungen etwa 10 Tage

Pflanzabstand:
15 cm × 5 cm

Pflege:
Stielmus ist die ideale Vorfrucht vor den kälteempfindlichen Kulturen wie Gurken oder Melonen. Unter günstigen klimatischen Bedingungen können erste Aussaaten im Folientunnel bereits Ende Februar erfolgen, so dass bereits im April geerntet werden kann.

Damit die Stängel üppig wachsen, sollte die Aussaat der Rüben sehr dicht erfolgen. Dadurch wird einerseits ein Ausbilden der Rübe verhindert, andererseits das Stängelwachstum angeregt.

Ernte:
Ab April möglich bis in den Juli

Samengewinnung:
Stielmus sollte zur Samengewinnung möglichst früh, etwa Anfang März, ausgesät werden. Ein Pflanzabstand von 10 cm sorgt dafür, dass sich Rosetten bilden können. Im Juni beginnen die Pflanzen zu blühen. Die Samen können geerntet werden, wenn sich die Samenschoten grau-braun färben und die Samen schwarz sind.

In der Küche

Noch ist das Stielmus ein Geheimtipp, erfahrene Köche experimentieren aber bereits wieder eifrig mit den herbsäuerlichen Blättern und verleihen manchen Speisen damit neue Geschmacksnuancen.

»Mixed greens«, das Nationalgericht der amerikanischen Südstaaten sowie »pote gallego«, die Nationalspeise der Nordwestspanier, ist ohne Rübstiel undenkbar.

Stielmus-Grünkern-Auflauf

½ l Gemüsebrühe
250 g Grünkernschrot
800 g Stielmus
etwas Salz
1 Tasse süße Sahne
2 Eier
100 g aromatischer Käse
½ TL Meersalz
Muskatnuss
Pfeffer aus der Mühle
etwas Öl zum Ausstreichen der Form

Die Gemüsebrühe aufkochen, das Grünkernschrot einrühren und unter ständigem Rühren aufkochen. Grünkern bei geringer Hitze etwa 15 – 20 Minuten quellen lassen, dabei darauf achten, dass es nicht anbrennt.
In der Zwischenzeit das Stielmus waschen, putzen und in kleine Stücke zupfen. Das Gemüse kurz in kochendem Salzwasser blanchieren und danach in einem Sieb mit fließend kaltem Wasser abspülen. Zum Abtropfen in die Spüle stellen.
Aus Sahne, Eiern und dem geriebenen Käse eine Sauce anrühren, mit Meersalz, frisch geriebener Muskatnuss sowie Pfeffer kräftig abschmecken.
Eine Auflaufform einfetten. Grünkernmasse und das abgetropfte Stielmus abwechselnd in die Form schichten und mit der Käse-Sahne übergießen.
Im vorgeheizten Backofen bei 200 °C etwa 15 – 20 Minuten backen.

TIPP

Der Auflauf kann portionsweise mit einer holländischen Sauce angerichtet und mit Röstzwiebeln bestreut werden.

Stielmusgemüse mit Käseklößchen

Für die Klößchen:
250 g Magerquark
2 Eier
100 g Dinkel,
fein geschrotet
75 g aromatischer Käse
Muskatnuss
Meersalz
Pfeffer

Für das Gemüse:
500 g Stielmus
1 EL Butter
1 Tasse Gemüsebrühe
2 Knoblauchzehen
⅛ l süße Sahne
Meersalz
Pfeffer

Quark, Eier, Dinkelmehl und geriebenen Käse in eine Schüssel geben und alles zu einem Teig verrühren. Mit frisch geriebener Muskatnuss, Salz und Pfeffer abschmecken. Den Teig 30 Minuten im Kühlschrank ruhen lassen. Anschließend mit einem Esslöffel etwa 12 gleich große Klößchen abstechen und in leicht gesalzenes, kochendes Wasser geben. Die Klößchen etwa
15 Minuten bei mittlerer Hitzezufuhr kochen.
In der Zwischenzeit das Stielmus in Stücke zupfen und waschen. Butter in einem Topf erhitzen und das Gemüse darin dünsten. Mit der Gemüsebrühe ablöschen und die gepressten Knoblauchzehen dazugeben. Stielmus im geschlossenen Topf bei milder Hitze etwa 15 Minuten garen. Die süße Sahne dazugeben und mit Salz und Pfeffer würzen. Das Gemüse noch einmal weitere 3 Minuten dünsten.
Die Käseklößchen mit dem Stielmus auf einem flachen Teller anrichten.

Käseklößchen können auch ganz einfach mit einem Eisportionierer abgestochen werden. Sie sind dann etwas kleiner, aber schön gleichmäßig geformt.

Stielmussalat

500 g Stielmus
1 Zwiebel
1 Hand voll zarte Löwenzahnblätter
2 Äpfel
Saft einer Zitrone
4 EL Olivenöl
1 Prise Vollrohrzucker
Meersalz
Pfeffer aus der Mühle
frische Kräuter nach Belieben

Die Stielmusblätter gründlich waschen und in 2 cm breite Streifen schneiden. Noch tropfnass in eine Pfanne geben und bei milder Hitze bis zum Zusammenfallen dünsten (4 – 7 Minuten). Das Stielmus anschließend zum Abtropfen in einen Durchschlag geben.
Die Zwiebel schälen und fein würfeln. Löwenzahnblätter waschen, anschließend ebenfalls in 2 cm breite Streifen schneiden. Zwiebel und Löwenzahn in eine Schüssel geben, die beiden Äpfel ebenfalls hineinraspeln.
Aus dem Zitronensaft, dem Olivenöl, dem Vollrohrzucker und den Gewürzen eine aromatische Salatsauce bereiten. Das abgetropfte, aber noch warme Stielmus zum Löwenzahn in die Schüssel geben und alles gut mit der Salatsauce vermischen. Frische Kräuter fein hacken und den Salat vor dem Servieren damit bestreuen.
Dieser Salat schmeckt besonders gut zu Bratlingen und Pellkartoffeln.

Im Porträt: Kerbelrübe

Ebenfalls kurz erwähnt sei an dieser Stelle die unvergleichlich aromatische Kerbelrübe *(Chaerophyllum bulbosum).*

Da die Kultur dieser Pflanze sehr schwierig ist und auch ich mehrfach scheiterte, wird an dieser Stelle auf eine ausführliche Kulturanleitung verzichtet. Meine Erlebnisse mit der seltenen Sämerei möchte ich Ihnen aber dennoch nicht vorenthalten:

Der Samen der Kerbelrübe ist nur kurze Zeit keimfähig, auch muss der Samen vor der Aussaat Frost ausgesetzt werden. Ferner soll er bis zur Aussaat möglichst kühl gelagert werden. Daher lagerte ich den Samen, nachdem die Samentüte 24 Stunden in der Gefriertruhe lag, im Kühlschrank im Gemüsefach.

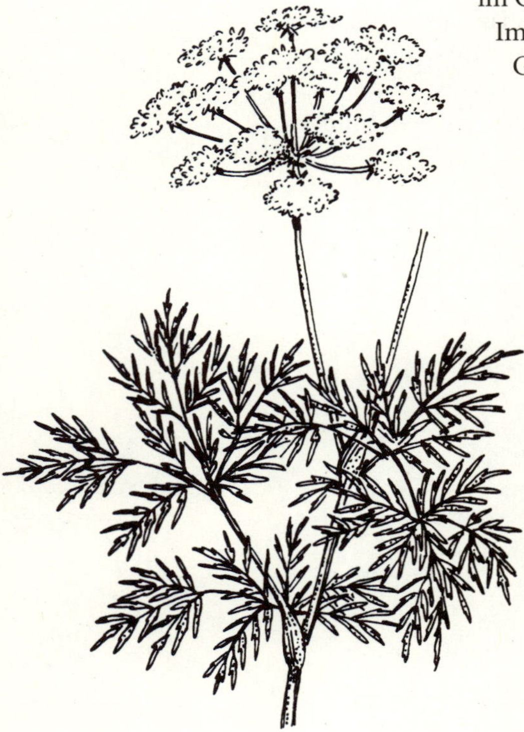

Im September hatte ich das Gartenland saatfertig vorbereitet, auf eine Düngung mit frischem Mist aus unserem Kuhstall verzichtet und die Kerbelrübensamen in Reihen gesät, diese auch gekennzeichnet und sauber gehalten. Vergeblich habe ich bis in den April hinein auf ihr Aufgehen gewartet. So organisierte ich im Jahr darauf erneut den Samen dieser Rarität; nun um einiges schlauer. Diesmal legte ich Radieschensamen mit in die Reihen, um so ganz sicher

zu sein, dass ich nicht zufällig bei der Unkrautregulierung dem begehrten Wurzelgemüse den Garaus bereitete. Ich sollte vielleicht noch erwähnen, dass sich mein kleiner Garten (der große liegt, ich berichtete bereits davon, im Feld) hinter Hühner-, Schweine- und Kälberauslauf befindet. Dieses Mal wartete ich nicht den Herbst zur Aussaat ab, sondern übergab den Samen bereits im August dem Boden. Neben reichlich Unkräutern zeigten sich auch deutlich zarte Blätter der Rübe. Die Vorfreude auf das Abenteuer »Kerbelrübe-in-der-Küche« wurde allerdings durch meine Kälber getrübt, die eines Tages den Zaun missachteten und binnen eines Nachmittags den Gartenboden gut und tief durchgearbeitet hatten. Dass ich die Nase gestrichen voll hatte, leuchtet wahrscheinlich jedem ein.
Da ich obendrein von einem Freund auch von dessen vergeblichen Bemühungen um die Kultur der Kerbelrübe weiß, habe ich nun (vorerst) die Finger davon gelassen. Für Anregungen von Experten bin ich dankbar!

Melde (Atriplex hortensis)

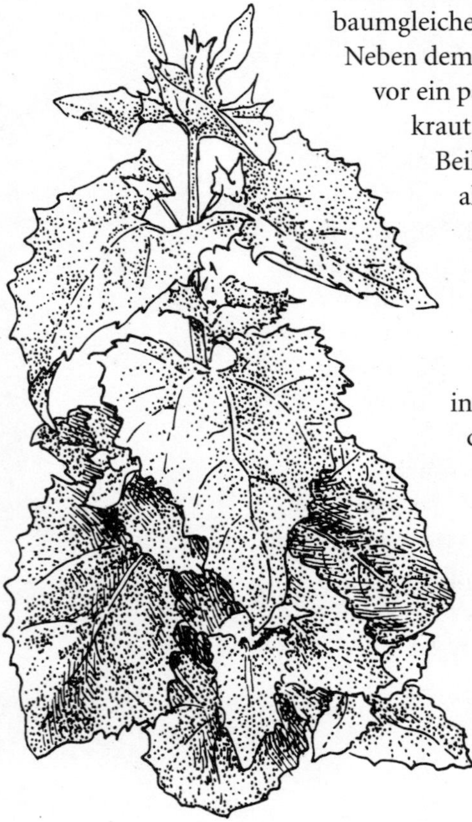

Herkunft, Bedeutung, Geschichte

Unter der ländlichen Bevölkerung gibt es wahrscheinlich kaum jemanden, der das tannenbaumgleiche »Ackerunkraut« nicht kennt! Neben dem »Roten Heinrich« war es noch vor ein paar Jahren das gefürchtetste Unkraut überhaupt. »Dank« chemischer Beikrautregulierung hat die Melde allerdings ihren Schrecken verloren (hätte man sie anstelle zu vergiften weiterhin aufgegessen – sie ist sehr gesund – bräuchten wir auch in diesem Fall die Chemie nicht!). Wen wundert es, dass in jüngerer Vergangenheit besonders im ökologischen Landbau immer wieder »heftigste« Beikrautbestände auftreten, die im Spätsommer nur allzu deutlich auf den fehlenden Einsatz diverser chemischer Unkrautvernichtungsmittel hinweisen. Sind die Pflanzen erst einmal den Landwirten über den Kopf gewachsen, können sie selbst mittels schärfster Hacken, Sicheln und Messern kaum noch beseitigt werden. Und wer schon einmal ein Feld ausgewachsener Melde von selbiger gesäubert hat, der weiß, dass sie sich auch nur ganz schwer ausreißen lässt – ganz zu schweigen von der Frage: »Wohin mit dieser Unmenge Biomasse?« (Ziegen mögen Melde übrigens gerne fressen, Kühe sind dagegen weniger begeistert!). Selbst die ausgerissenen Pflanzen

wachsen nur zu gern am Boden wieder an, sobald nur ein noch so kleines Würzelchen Bodenkontakt haben sollte.
Die Gartenmelde gehört botanisch zur Familie der Gänsefußgewächse (Chenopodiaceae). Beheimatet war die Pflanze in Süd-Osteuropa, im Kaukasus und Zentralasien bis nach Sibirien. Sie war bis in das 19. Jahrhundert in verschiedenen Regionen als »Spinatpflanze« geschätzt, in Deutschland hingegen wurde sie weniger angebaut. Im Lauf der Zeit verdrängte der Spinat, der neben Mangold und dem Guten Heinrich ebenfalls zur Familie der Gänsefußgewächse gehört, die Melde fast vollständig. Trotzdem ist die Gartenmelde heute weltweit verbreitet. Die anspruchslose und robuste Pflanze wächst in mittelbarer Nähe menschlicher Ansiedlungen an Mauern und auf Äckern, Feldwegen sowie Schuttplätzen. Mehr als 100 Meldesorten sind bekannt. Nicht alle davon sind essbar, da manche Sorten einen relativ hohen Saponingehalt aufweisen. Diese Pflanzen strömen allerdings beim Zerreiben der Blätter einen unangenehmen Geruch aus, so dass sie auch von Unkundigen nicht mit den essbaren Sorten verwechselt werden können.
Die Gartenmelde ist ein einjährig wachsendes Kraut. Je nach Sorte und Standort wird das Kraut bis zu 2 m groß. Die Blattfarbe variiert nach Sorte zwischen gelb, grün, rot und violett. Die Blätter sind im unteren Teil der Pflanze herzförmig-dreieckig und werden nach oben hin länglich-dreieckig und erinnern an leicht zusammengestauchte Pfeilspitzen. Daher könnte auch der botanische Gattungsname »Atriplex« stammen, der »dreifach« bedeutet. Hingegen soll der Name »Melde« auf die zarte Blattbeschaffenheit bzw. den milden Geschmack zurückzuführen sein.
Die Blütezeit währt etwa von Juli bis September.

TIPP

Über 100 Meldesorten gibt es, nicht alle davon sind essbar. Verströmen die Blätter beim Zerreiben einen unangenehmen Geruch, sollten sie besser nicht in den Kochtopf wandern. Denn diese Sorten enthalten zu viele Saponine.

Inhaltsstoffe

Die Gartenmelde enthält nennenswerte Mengen an Proteinen und Kohlenhydrate, wichtige Mineralstoffe wie Kalzium und Eisen sowie Vitamin C (30 mg in 100 g Blättern).

Gesundheitlicher Wert

Dank des hohen Gehaltes an Vitamin C wirkt Meldekonsum diversen Erkältungskrankheiten entgegen. Natürliche Bitterstoffe sind für den Stoffwechsel wertvoll. Sie fördern die Verdauung, indem sie Galle und Magenaktivitäten anregen.

Kultur

Ansprüche an Klima und Boden:
Total unempfindlich. Gedeiht auf jedem Boden, sogar im Halbschatten.

Standort:
Sonnig bis halbschattig

Aussaattermin:
Im Herbst in das vorbereitete Saatbeet oder im zeitigen Frühjahr, sobald der Boden sich erwärmt hat

Keimdauer:
Unter günstigen Bedingungen etwa 10 Tage

Pflanzabstand:
25 cm × 25 cm

Pflege:
Optimale Bedingungen zahlen sich auch bei dieser anspruchslosen Pflanze aus. Deshalb sollte eine starke Verunkrautung vermieden werden. Guter humoser Boden, der bei längeren Trockenzeiten gelegentlich bewässert werden sollte, sichert gute Erträge und ein großes Blatt. Sollte Blattlaus-Befall an den Triebspitzen auftreten, wird dieser am besten durch das Abknipsen der befallenen Stellen bekämpft.

Ernte:
Kleine Pflanzen können in einer Größe bis etwa 10 cm ganz geerntet und verwendet werden. Bei den größeren Pflanzen werden die Blätter laufend abgeerntet. Nicht die kleinen Herzblätter entfernen, damit die Melde weiterwachsen kann!

Samengewinnung:
Zur Samengewinnung sollte die Melde möglichst früh (ab Anfang März, eventuell vor Spätfrösten durch Abdecken schützen) ausgesät werden, da sie viel Zeit zur Entwicklung benötigt. Samenpflanzen sollten nicht beerntet werden, damit sie genügend Kraft zur Samenbildung haben. Färbt sich die Pflanze allmählich gelb, wird sie ganz oder in Teilstücke geschnitten in ein Baumwolltuch gewickelt und aus dem Garten entfernt. Dies verhindert ein unkontrolliertes Aussamen. Die Samen können mit den Händen abgestreift und nachgetrocknet werden.

TIPP

Die Hüllblättchen sollten ausgerieben werden. Dies erleichtert die Aussaat im kommenden Jahr.

In einigen Teilen Deutschlands hat sich die Bezeichnung »Scheißmelde« oder »Schissmelde« eingebürgert. Da dem Verzehr der Pflanze tatsächlich eine abführende Wirkung nachgesagt wird und es außerdem schnell wächst, also »schießt«, kann nicht zweifelsfrei geklärt werden, auf welche Eigenschaft sich der Volksmund mit seinen eher derben Ausdrücken bezieht.

In der Küche

Die Blätter der Melde lassen sich wie Salat oder Spinat zubereiten. Junge Pflanzen können als Ganzes verwertet werden, bei älteren Pflanzen nur die jungen Zweigspitzen und Blätter.
Die Blätter der Melde sind mit »Blattmehl« bestäubt. Um das Mehl zu entfernen, müssen die Blätter gut gewaschen werden.

Melde-Mairüben-Auflauf

Die Kartoffeln gründlich reinigen und in der Schale kochen. In der Zwischenzeit die Sauce vorbereiten: Sesamkörner und Weizenschrot in einem trockenen Topf rösten, bis beides wunderbar duftet. Nach dem Abkühlen des Schrotes die Milch einrühren, auf den Herd stellen und bei milder Hitze etwa 2 Minuten lang aufkochen. Sollte der Getreideschrot nicht so fein sein, ist es sinnvoll, einen Esslöffel mehr zu verwenden und die Aufkochzeit zu verdoppeln.
Die Zwiebel schälen und fein würfeln, Knoblauchzehe zerkleinern und zusammen in etwas Butter dünsten. Werden die Zwiebelwürfeln langsam bräunlich, die tropfnassen Meldeblätter zugeben. Den »Spinat« mit Salz, Pfeffer und frisch geriebener Muskatnuss würzen und im geschlossenen Topf etwa 5 Minuten dünsten. Während dieser Zeit die Mairüben schälen und grob raspeln und die Pellkartoffeln schälen.
Kartoffeln in Scheiben schneiden und in eine gebutterte Auflaufform schichten. Mairübenstreifen mit dem Zitronensaft beträufeln und auf die Kartoffeln geben. Zum Schluss den Melde-Spinat darüber verteilen.
Die Weizenschrotmilch mit dem Sesam verrühren, leicht salzen und mit den Gewürzen und dem Zitronensaft abschmecken. Die Sauce über den Auflauf gießen. Mit geriebenem Käse bestreuen und bei 180 °C 10 – 20 Minuten überbacken.

10 mittelgroße Kartoffeln
1 Zwiebel
1 Knoblauchzehe
1 EL Butter
400 g Meldeblätter
Meersalz
Pfeffer
Muskatnuss
3 mittelgroße Mairüben
Butter für die Form
1 – 2 TL Zitronensaft

Für die Sauce:
30 g Sesam
2 EL fein gemahlener Weizen- oder Dinkelschrot
½ l Milch oder je zur Hälfte Milch und Sahne
Muskatnuss
Meersalz
Pfeffer
1 – 2 TL Zitronensaft
150 g geriebener aromatischer Käse nach Geschmack

Melde-Kartoffel-Gratin

300 g Melde
2 Zwiebeln
2 Knoblauchzehen
250 g Räuchertofu
1 EL Butter
Meersalz
Pfeffer aus der Mühle
Muskatnuss
10- 15 mittelgroße Kartoffeln
Fett für die Form
1 Tasse süße Sahne
2 Eier
100 g aromatischer Käse zum Überbacken

Meldeblätter gründlich waschen und tropfnass in einen Topf geben, bei mittlerer Hitze zusammenfallen lassen. Zwiebeln und Knoblauch schälen, gemeinsam mit dem Räuchertofu fein würfeln und in der Butter bräunen. Eventuell leicht salzen. Meldespinat mit dem Räuchertofu vermischen und gut mit Salz, Pfeffer und Muskatnuss abschmecken.
Die Kartoffeln waschen, schälen und in feine Scheiben schneiden. Die Kartoffelscheiben dachziegelartig in eine gefettete Auflaufform schichten. Die Sahne mit den Eiern verquirlen, leicht salzen und über die Kartoffeln gießen. Meldespinat darüber geben und mit dem geriebenen Käse bestreuen. Im vorgeheizten Backofen bei 180 °C etwa 60 Minuten backen.

Überbackene Melde-Tomaten

8 mittelgroße Fleischtomaten
500 g Meldeblätter
Knoblauch
1 EL kaltgepresstes Olivenöl
Meersalz
Pfeffer
Muskatnuss
eventuell etwas süße Sahne
etwa 200 g Räuchertofu
100 g Käse zum Überbacken
50 g Vollkornsemmelbrösel oder Okara

Die Tomaten überbrühen und häuten und vorsichtig aushöhlen. Meldeblätter gründlich waschen und tropfnass zusammen mit fein gewürfeltem Knoblauch in Olivenöl schmoren. Die Meldeblätter ein wenig ausdrücken und eventuell pürieren. Mit Meersalz, Pfeffer und einer Prise Muskatnuss würzen und mit einem Schuss süßer Sahne verfeinern.
Die Melde in die ausgehöhlten Tomaten füllen und in jede Tomate noch ein Stück Räuchertofu stecken. Die gefüllten Tomaten in eine feuerfeste Form setzen.
Den Käse reiben und mit den Bröseln oder dem Okara vermengt über die Tomaten geben.
Bei 200 °C etwa 20 Minuten überbacken.

Gefüllter Meldepfannkuchen

Die Melde blanchieren und zum Abtropfen in einen Durchschlag geben, anschließend grob hacken. In der Zwischenzeit aus Vollkornmehl, Meersalz, Muskatnuss, Eiern und Milch einen glatten Teig anrühren. Die süße Sahne steif schlagen und unter den Teig ziehen. Fett in einer Pfanne erhitzen, die Melde unter die Pfannkuchenmasse ziehen. Portionsweise dünne Pfannkuchen ausbacken.
Für die Füllung aus der Butter und dem Dinkelmehl eine helle Mehlschwitze herstellen. Die gegarten Erbsen samt Garwasser und der Tasse süße Sahne zu dem Mehl geben und etwas köcheln lassen. Knoblauch pressen und zu den Erbsen geben. Mit fein gehackter Petersilie verfeinern und mit einem Spritzer Zitronensaft, Meersalz und Pfeffer abschmecken. (Natürlich können anstelle der Erbsen andere Gemüse verwendet werden.)
Auf jeden Pfannkuchen einen gehäuften Esslöffel geben und diese zusammengerollt in eine gebutterte Auflaufform legen. Etwas geriebenen Käse und ein paar Butterflocken über den Pfannkuchen verteilen. Bei 200 °C etwa 15 Minuten überbacken.

Für die Pfannkuchen:
150 g Meldeblätter
150 g Dinkelvollkornmehl
Meersalz
1 Prise Muskatnuss
2 Eier
1 Tasse Milch (Sojamilch)
1 Tasse süße Sahne
ungehärtetes Kokos- oder Palmfett zum Ausbacken

Für die Füllung:
1 EL Butter
4 EL Dinkelvollkornmehl
200 g junge Erbsen (wahlweise grüne Sojabohnen, frische Kichererbsen), ausgepult und in etwas Salzwasser gegart
1 Tasse süße Sahne
1 Knoblauchzehe
Petersilie
Zitronensaft
Meersalz und Pfeffer aus der Mühle

Zum Überbacken:
Aromatischer Käse
ein paar Butterflocken

Meldepfannkuchen als »Torte«
Hierzu setzen Sie die Pfannkuchen übereinander und geben jeweils einen gehäuften Esslöffel Füllung dazwischen. Den Abschluss sollte ein Pfannkuchen bilden. In appetitliche Stücke zerteilt und mit einem frischen Salat serviert, schmeckt diese »Melde-Torte« vorzüglich.

Mangold (Beta vulgaris var. vulgaris/flavescens)

Herkunft, Bedeutung, Geschichte

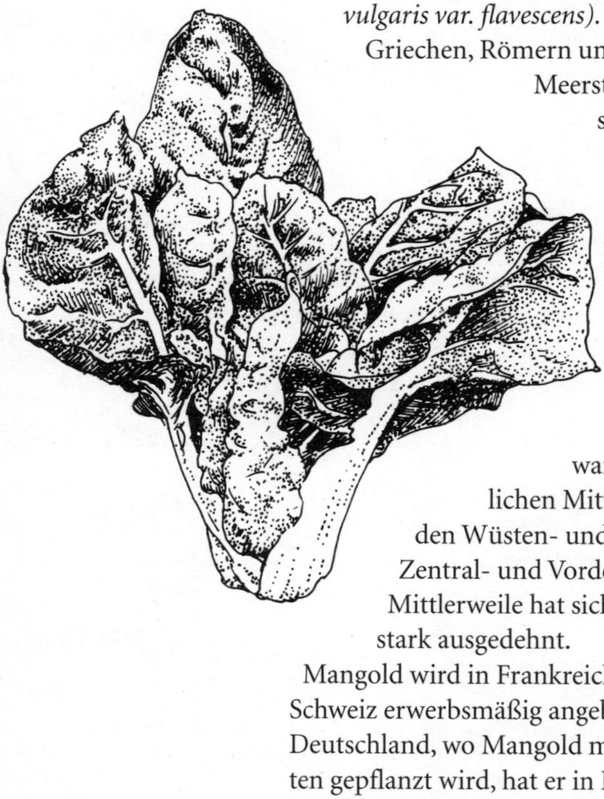

Auch Mangold gehört zu den alten Kulturpflanzen. Es gibt zwei Varietäten: Schnittmangold *(Beta vulgaris var. vulgaris)* und Rippenmangold *(Beta vulgaris var. flavescens)*. Schon bei den alten Griechen, Römern und Ägyptern war die Meerstrandrübe ein geschätztes Gemüse. Mangold ist ein naher Verwandter der Zucker- und Runkelrübe sowie der Roten Bete und gehört zur Familie der Gänsefußgewächse. Ursprünglich war die Pflanze im östlichen Mittelmeergebiet sowie in den Wüsten- und Steppengebieten Zentral- und Vorderasiens zu Hause. Mittlerweile hat sich ihr Anbaugebiet stark ausgedehnt.

Mangold wird in Frankreich, Italien und der Schweiz erwerbsmäßig angebaut. Anders als in Deutschland, wo Mangold meist nur im Hausgarten gepflanzt wird, hat er in England eine größere Bedeutung als Spinat. Im ökologischen Landbau erlebt Mangold mittlerweile seine Renaissance. Neuerdings ist er in fast jedem gut sortierten Naturkostladen erhältlich.

Die Vorzüge des Blattgemüses liegen auf der Hand: Der Anbau ist einfach. Mangold kann einfach und über einen längeren Zeitraum beerntet werden. Bei der Verarbeitung in der Küche gibt es kaum

Putzabfall und er kann äußerst vielseitig zubereitet werden. Durch die optimale Zusammensetzung der Inhaltsstoffe ist er obendrein sehr gesund.
Im Garten ist die frohwüchsige, attraktive Pflanze eine Augenweide. Besonders das Farbspiel der »kolorierten« Sorten ist beeindruckend, allerdings verschwindet die Farbe beim Kochen. Es gibt grün-, weiß- und rotstielige Sorten, wobei die Stiele unterschiedlich breit sind.
Sehr vielseitig sind die Rippenmangoldsorten, bei denen Krautstiele und Blätter verschiedenartig zubereitet werden können.
Schnittmangold ist gegenüber niedrigen Temperaturen widerstandsfähiger als Rippenmangold.

TIPP

Farbe ins Blattgemüsebeet bringen die verschiedenen Mangoldsorten. Beim Kochen verlieren sich diese Farbunterschiede allerdings. Beim rotstieligen Mangold ist im Übrigen die Verwandtschaft zur Roten Bete gut zu erkennen.

Inhaltsstoffe

Mangold enthält nennenswerte Mengen an Jod, Kalium, Kalzium, Eisen und Vitaminen (Provitamin A, B_1, B_2, C).

Gesundheitlicher Wert

Dank der ausgewogenen Zusammensetzung (hoher Vitamin-C-Gehalt) kann das Eisen sehr gut vom Organismus aufgenommen werden. Mangold soll die Fettverdauung unterstützen!

Kultur

Ansprüche an Klima und Boden:
Mangold ist ein Mittelstarkzehrer und »kalihungrig«. Gedeiht gut auf humosen, tiefgründigen Böden.

Standort:
Sonnig. Wegen seiner großen Blattmasse sollte er ausreichend mit Wasser versorgt werden.

Aussaattermin:
Ab Mai ist eine Direktaussaat möglich.
Bei vorgezogenen Pflanzen: Nicht zu früh ins Freiland bringen, denn niedrige Temperaturen im Jungpflanzenstadium erhöhen die Schossgefahr!

Tipp:
Mangold dünn säen! Das Saatgut besteht aus Saatknäueln, das bedeutet, dass aus jedem Saatkorn mehrere Pflänzchen sprießen.

Keimdauer:
Unter günstigen Bedingungen etwa 10 Tage

Pflanzabstand:
30 cm × 40 cm

Pflege:
Nicht zu stark düngen, da die Pflanze Nitrate speichert. Im Spätsommer kann bei zu dichtem Bestand Befall mit Echtem Mehltau auftreten. Befallene Pflanzenteile sollen abgeschnitten und nicht auf dem Kompost entsorgt werden.
Besprühen des Blattwerks bei beginnendem Befall mit stark verdünnter Rohmilch (1 l Milch zu 10 l Wasser) kann helfen.
Auf zu starke Verunkrautung achten!

Ernte:
Sobald sich starke Pflanzen entwickelt haben, können die Blätter laufend geerntet werden. Darauf achten, dass das Herz nicht zerstört wird. Die Blätter können ähnlich dem Rhabarber abgedreht oder aber mit einem scharfen Messer abgeschnitten werden.

Samengewinnung:
Im Herbst ausgesuchte Mangoldpflanzen vor allzu starken Frösten durch das Abdecken mit Stroh oder Laub schützen. Mäusefraß verhindern!
Im Frühsommer treiben die ausschlagenden Pflanzen einen Blütenstängel.

In der Küche

Mangold kann wie Spinat oder Salat zubereitet werden. Verwendet werden hierfür junge, nicht zu große Blätter.
Die Stiele ergeben ebenfalls ein dem Spargel oder Kohlrabi ähnliches Gemüse und können wie die vorgenannten Pflanzen verwendet werden.
Größere Blätter eignen sich für »Krautrouladen«.

Der Saft gekochter Mangoldwurzeln soll gegen Ohrenschmerzen helfen. Nach erhöhtem Alkoholkonsum soll der Genuss die Leber entlasten, außerdem sollen durch den Genuss die gefürchteten, zellschädigenden freien Radikale neutralisiert werden.

Überbackene Mangoldwickel

12 – 15 mittelgroße Mangoldblätter ohne Stiele
150 g Buchweizen
1 Tasse Sojamilch
200 g Topinambur
Saft einer halben Zitrone
Meersalz
Muskat
Pfeffer
aromatischer Käse nach Bedarf
eventuell 1 EL gehackte Petersilie
Butter für die Form
Butterflöckchen und geraspelter Käse zum Bestreuen

TIPP

Zur Verfeinerung kann in jeden Mangoldwickel ein Streifen Räucherseitan oder Räuchertofu gelegt werden.

Die Blätter gründlich reinigen und kurz blanchieren. Danach zum Abtrocknen auf einer Arbeitsplatte ausbreiten. Buchweizen in der Sojamilch aufkochen und zum Ausquellen zur Seite stellen.
Die Topinambur reinigen und raspeln, danach mit dem Saft der Zitrone vermischen. Schließlich den Buchweizen mit der Topinambur vermengen und mit den Gewürzen abschmecken.
Die Füllung kann durch geraspelten, aromatischen Käse sowie 1 EL fein gewiegter Petersilie verfeinert werden.
Für die Wickel nun etwa drei Blätter wechselseitig übereinander legen. In die Mitte etwa eine Hand voll Buchweizen-Topinambur-Füllung geben. Die Wickel zusammenrollen, dabei bitte darauf achten, dass die Ränder untergeschlagen werden, damit nichts von der Füllung heraustritt.
Die Wickel in eine gebutterte Auflaufform setzen, dabei mit der »Naht« auf den Boden legen, und mit ein paar Butterflocken und etwas geraspeltem Käse bestreuen. Im vorgeheizten Backofen bei 200 °C etwa 20 Minuten überbacken.
Hierzu schmecken gebackene Pellkartoffeln vorzüglich.

Mangoldwickel mit Pilzfüllung

12 – 15 mittelgroße Mangoldblätter ohne Stiele
100 g frische Champignons
1 kleine Zwiebel
1 Knoblauchzehe
etwas Butter zum Anbraten und für die Form
50 g Dinkelvollkornmehl
150 g Okara
1 Tasse Milch
Meersalz

Die Mangoldblätter gründlich reinigen und kurz blanchieren. Danach zum Abtrocknen auf einer Arbeitsplatte ausbreiten. Die Champignons putzen, in feine Streifen schneiden. Zwiebel und Knoblauch schälen und fein hacken. Pilze mit Zwiebel und Knoblauch in einer Pfanne in etwas Butter scharf anbraten.
Aus Dinkelvollkornmehl und dem Okara (Sojakleie) unter Zugabe der Milch und etwas Salz einen geschmeidigen Teig anrühren und die Pilze ebenfalls einarbeiten. Aus der Masse 4 – 5 Klößchen formen.
Für die Wickel jeweils etwa drei Mangoldblätter wechselseitig übereinander legen. In die Mitte eines der Klößchen geben. Beim Zusammenrollen darauf achten, dass die Ränder nach innen eingeschlagen wurden. In einer gebutterten Auflaufform bei 200 °C etwa 30 Minuten überbacken.
Hierzu passt Reis sehr gut.

Aus der Okara-Pilz-Masse kann auch ein Laib geformt werden, der im Backofen, in eine Form gefüllt im Wasserbad, mit einer Aluminiumfolie abgedeckt oder in eine Form (leere Konservendose) gefüllt und im Schnellkochtopf gegart wird. Diese Masse kann wie Pastete oder gebraten als Beilage gegessen werden.

TIPP

Wer schon immer gern das Essen kostengünstig über einen Zeitraum von zwei, drei Stunden warm halten wollte und nur nicht wusste, wie, dem sei zu einer billigen wie pfiffigen Methode geraten: Man nehme: ein Bett, ein großes Handtuch, das um die Töpfe gewickelt wird, mehr bedarf es nicht. Einfach die eingewickelten Töpfe – sogar Kartoffeln halten sich in dieser Atmosphäre ungewöhnlich lange frisch und heiß – ins Bett stellen und zudecken.

Mangoldstiele in Sahnesauce

10 – 15 Mangoldstiele
etwas Salz
2 EL Dinkelvollkornmehl
¼ l Milch
½ Tasse süße Sahne
Saft einer halben Zitrone
Meersalz
Muskatnuss

Die Stiele in appetitliche Stücke zerteilen und in etwas schwach gesalzenem Wasser kurz aufkochen. Das Dinkelvollkornmehl in der Milch klümpchenfrei anrühren. Sind die Stiele weich, aber noch bissfest, die Milch dazugeben und das Gemüse andicken. Dazu noch einmal kurz aufkochen lassen. Anschließend die Mangoldstiele vom Herd nehmen, die süße Sahne hinzufügen und das Gemüse mit Zitronensaft, etwas Salz und frisch geriebener Muskatnuss abschmecken.
Diese Sauce kann sehr gut zu den Mangoldwickeln, aber auch zu anderen Gerichten serviert werden.
Besonders gut schmeckt sie zu Bratlingen und Pellkartoffeln.

Mangoldsalat

500 g ganz junge Mangoldblätter
1 EL geröstete Mandeln
1 EL Pinienkerne
2 Knoblauchzehen scharf angebraten
eventuell Chilischoten
2 EL Olivenöl
1 Zitrone
Meersalz
Honig oder ein anderes Süßungsmittel

Die Blätter gründlich reinigen, in kleine Stücke zupfen und in eine dekorative Glasschüssel geben. Mandeln, Pinienkerne, die angebratenen Knoblauchzehen, und, wer es feurig mag, die zerkleinerten Chilischoten dazugeben.
Aus Olivenöl, Zitronensaft, Meersalz und dem Honig ein Dressing bereiten. Den Salat mit der Sauce vermischen und vor dem Servieren noch 30 Minuten im Kühlschrank durchziehen lassen.

Viel Käse, Sahne und Butter schlägt sich bei den (meisten) Menschen nur zu gern im Gewicht nieder. Andererseits schmeckt es aber (leider) oft erst richtig gut, wenn ein paar Kalorien mehr mit von der Partie sind. Da schwere körperliche Arbeiten glücklicherweise passé sind, sollte »verhütet« werden, was baldigst sich abzeichnen könnte.
Im Buch »Theatrum staticum universale« von Jacob Leopold, das 1726 in Leipzig erschienen ist, ist ein »Verhüter« bzw. eine Verhütungsmethode beschrieben, die das Kalorienzählen überflüssig macht und die ohne viel Aufwand auch nachgebaut werden könnte. Die Rede ist von der »Machina anthropometrica«, die Maschine zum Messen des Menschen. Täglich sei, so der Anweisung Leopolds folgend, die Gewichtszunahme durch Essen, Trinken, aber auch die »unsichtbare Evaporation« (das Schwitzen) zu kontrollieren. Speziell hierfür hatte der Feinmechaniker Leopold eine Waage konstruiert, die an der Zimmerdecke verankert wurde. Der Clou: Die Waagschale war ein Stuhl, der also an der Zimmerdecke hing. War nun ein vorher eingestelltes Limit beim Essen und Trinken erreicht, rastete die Waagschale aus, krachte zu Boden und beendete jäh das Schlemmen.

Guter Heinrich (Chenopodium bonus-henricus)

Herkunft, Bedeutung, Geschichte

Der Gute Heinrich, der in Europa heimisch ist, zählt zu den sehr alten Kulturpflanzen und war früher eine typische dörfliche Ruderalpflanze. Früher wurde er in unseren Breiten als Spinat- und Salatpflanze angebaut.

Die zarten Sprosse können bereits Anfang April als Spargelersatz gegessen werden. Aus den Blättern wird Salat oder Spinat. Übrigens wurde früher aus den gerösteten Samen auch eine Art Kaffee bereitet. Die Betonung liegt hier auf »eine Art Kaffee«, da er sicher auch nur so schmeckte. Außerdem wurden die Samen vermahlen und zum Brotbacken verwendet.

Nur in England wird die Pflanze noch heute in geringem Umfang angebaut.

Die Vorzüge liegen auch bei dieser Pflanze auf der Hand: Der Gute Heinrich ist vital, besitzt einen hohen Nährstoffgehalt und kann über mehrere Jahre hinweg genutzt werden. Außerdem samt er selbst aus. Selbst die Wurzelballen alter Pflanzen sind problemlos teilbar. Der Wermutstropfen: Schnecken fallen über die Pflanze erbarmungslos her.

Der Gute Heinrich ist nebenbei bemerkt eine dekorative Pflanze, die Blätter strahlen eine gewisse Eleganz aus, auch wenn sie eine unleugbare Ähnlichkeit mit den Füßen des Wassergeflügels haben. Dieser typischen Form verdankt der Gute Heinrich auch seinen Namen: Heinrich ist ein Koboldname und Kobolde haben Gänsefüße!
Mittlerweile steht die Pflanze in Deutschland auf der Roten Liste. So gibt es in Bayern tatsächlich schon keine Exemplare mehr, jedenfalls keine wilden. In Thüringen kommt er noch verwildert vor.

Inhaltsstoffe

Der Gute Heinrich enthält nennenswerte Mengen an Vitaminen und Mineralien, beispielsweise Eisen.

Gesundheitlicher Wert

Die Pflanze enthält viele wertvolle Inhaltsstoffe und unterstützt so die Funktionstüchtigkeit des Organismus. Er soll entschlackend wirken.

Kobolde leben (für die, die bisher wenig Erfahrung mit ihnen haben machen können), gern in der Nähe von Menschen, die viel mit ihren Händen in der Erde wühlen! Da fällt mir ein, dass sich da ein Gerücht eisern um die Existenz der Kobolde hält. Es besagt, dass der, der noch niemals einen Kobold erblickt hätte, lediglich sehr schwache Augen, also eine Sehschwäche hätte! Sie sollen recht klein sein. Aber ungemein hilfsbereit. Auch sollen sie dem, der ihnen ins Angesicht schauen darf, zu nie da gewesenem Reichtum, strotzender Gesundheit und einer über das Lebensende hinausgehenden Liebe verhelfen.

Gegen Schneckenbefall kann man geschälte Weidenruten abends in den Garten nahe der am meisten heimgesuchten Orte legen. Am Morgen hängen die Schnecken traubengleich in jeder Größe und Farbe an ihnen.

Das erste Grün kann auch durch Ausstreuen von Gerstengrannen oder klein geschnittenem Pferdehaar geschützt werden, indem man einen angemessen breiten Streifen Gerstengrannen oder klein geschnittenes Pferdehaar um das Beet streut.

Kultur

Ansprüche an Klima und Boden:
Relativ anspruchslos, jedoch zahlt sich ein guter humoser Boden aus. Die Pflanze ist winterhart.

Standort:
Sonnig

Aussaattermin:
Eine Frühjahrs- und Herbstaussaat ist möglich. Auch können vorgezogene Pflanzen im Frühjahr in ein gut vorbereitetes Saatbeet ausgepflanzt werden.

Keimdauer:
Unter günstigen Bedingungen etwa 8 Tage

Pflanzabstand:
30 cm × 30 cm

Pflege:
Vor Verunkrautung und Schneckenfraß schützen.

Ernte:
Die jungen, zarten Blätter können ab dem zweiten Jahr geerntet und verwendet werden. Sollen sich Samen entwickeln, dürfen nicht alle Schösslinge entfernt werden.

Samengewinnung:
Kinderleicht! Samt sich selbst aus. Jungpflanzen können im Frühjahr versetzt werden und reagieren unproblematisch auf diese Veränderung. Der Wurzelstock älterer Stauden ist teilbar.

In der Küche

Die Blätter des Guten Heinrichs können wie Spinat oder Salat zubereitet werden. Letzteres ist allerdings mehr für Zungen bestimmt, die einen herzhaft rustikalen Geschmack bevorzugen; mir weisen sie im rohen Zustand ein wenig zu viel Aroma auf. Die jungen Schösslinge können schon im April wie Spargel verwendet werden. Reife Samen können geröstet und vermahlen ähnlich dem Kaffee getrunken werden oder sie werden getrocknet vermahlen und zum Brotbacken verwendet.
Prädikat: sehr mühselig.

Besonders zarte Schösslinge, die bis in den Juni hinein geerntet werden können, erhält man durch Anhäufeln oder Bedecken mit schwarzer Folie. Das Bleichen funktioniert auch, dazu wird ein schwarzer Eimer über die Pflanze gestülpt.

Guter-Heinrich-Kartoffel-Rolle

300 g Kartoffeln
300 g Topinambur
500 g Guter Heinrich
Meersalz
Muskatnuss
¼ l Wasser
Meersalz
60 g Butter
250 g Dinkelvollkornmehl
4 Eier
Meersalz
Muskatnuss, frisch gerieben
Vollkornmehl zum Ausrollen
etwas Butter
300 g Okara-Champignon-Pastete (siehe Seite 76)
Pfeffer aus der Mühle
etwas zerlassene Butter

TIPP

Wenn sich doch Klümpchen bilden sollten, kann die Masse mit einem Schneebesen schnell und einfach glatt gerührt werden!

Kartoffeln waschen und in der Schale garen. Topinambur waschen, schälen und in einem separaten Topf garen. Blätter vom Guten Heinrich verlesen und waschen.
Für den Brandteig (keine Angst davor, die Zubereitung ist viel einfacher als vielfach angenommen) Wasser, Meersalz und Butter zusammen kurz aufkochen. Das Vollkornmehl auf einmal kurz dazugeben. Wärmezufuhr drosseln, damit die Masse nicht am Topfboden anhängt. Mit einem Holzlöffel so lange rühren, bis sich der Teig als fester Kloß vom Boden löst und sich auf dem Boden ein weißer Film bildet. Masse kurz zum Abkühlen beiseite stellen. Nach etwa 5 Minuten ein Ei dazugeben und rasch unterrühren. Danach erst die restlichen Eier unterziehen, bis ein glatter Teig entsteht.
Die gegarten und geschälten Kartoffeln und die Topinambur noch heiß durch eine Presse drücken oder mit einem Stampfer zu Brei zerkleinern, mit Meersalz und Muskatnuss würzen und unter die Brandteigmasse kneten.
Reichlich Mehl auf ein sauberes Geschirrtuch stäuben. Den Teig darauf geben und nach dem Bestäuben mit Mehl zu einem Rechteck von 1,5 cm Dicke ausrollen.
Etwas Butter in einer Pfanne erhitzen, die gewürfelte Okara-Champignon-Pastete kräftig anbraten. Den tropfnassen Guten Heinrich hineingeben. Wenn die Blattmasse etwas zusammengefallen ist, das Gemüse auf der Brandteig-Kartoffelmasse gleichmäßig verteilen und mit Pfeffer aus der Mühle würzen.

Mit Hilfe des Handtuchs den Teig aufrollen und auf ein mit Backpapier ausgelegtes Herdblech heben. Bei 200 °C im vorgeheizten Backofen 1 Stunde backen. Noch heiß mit zerlassener Butter bepinseln.
Hierzu passt ein frischer Salat sehr gut!

Die Kartoffelrolle kann auch mit Käse überbacken werden. Hierfür sollte die Rolle etwa 10 Minuten vor Ende der Backzeit kurz aus dem Herd genommen und mit einem frisch geraspelten aromatischen Käse bestreut werden.

Herzhafte Guter-Heinrich-Waffeln

2 Hand voll Blätter vom Guten Heinrich
1 rote Paprikaschote
1 kleine Zwiebel
1 Knoblauchzehe
150 g Butter
4 Eier
250 g Dinkelvollkornmehl
1 TL Backpulver
Salz
Pfeffer
⅛ l Gemüsebrühe

Blätter waschen und sehr fein schneiden. Paprika putzen und fein hacken. Zwiebel in feine Würfel schneiden. Knoblauchzehe pressen.
Butter in einer Schüssel mit den Eiern schaumig schlagen. Das Mehl mit dem Backpulver, etwas Meersalz und Pfeffer vermischen, zur Eiermasse geben und verrühren. Dabei so viel Gemüsebrühe dazugeben, bis ein glatter, leicht fließender Waffelteig entsteht. Zum Schluss Guten Heinrich, Paprika, Zwiebel und gepressten Knoblauch zum Waffelteig geben. Der Teig sollte für 30 Minuten im Kühlschrank ruhen.
Im aufgeheizten, eventuell eingefetteten Waffeleisen Waffeln ausbacken.
Dazu schmeckt ein gemischter Salat.

Gemüsekuchen mit Guter Heinrich

Für den Teig:
150 g Dinkelvollkornmehl
75 g Butter
2 Eier
etwa 4 – 5 EL kaltes Wasser
Meersalz

Für den Belag:
1 mittelgroße Pastinake
1 mittelgroße Mairübe
1 Zucchini in Scheiben
1 EL Butter
1 Zwiebel
100 g Guter Heinrich
Meersalz
Pfeffer aus der Mühle
Muskatnuss
200 g aromatischer Käse
3 Eier
½ EL Rohrzucker
3 EL Kürbiskernöl
½ TL Backpulver

Mehl auf die Arbeitsplatte häufeln, in die Mitte eine Vertiefung drücken. Butter in kleine Stücke schneiden und auf das Mehl setzen. Eier trennen und das Eigelb in die Vertiefung gleiten lassen. Eiweiß für andere Speisen, z. B. Nachtisch, verwenden. Wasser und etwas Salz dazugeben und alles rasch zu einem festen Teig kneten. Teig etwa 30 Minuten ruhen lassen.
In der Zwischenzeit Pastinake und Mairübe putzen und würfeln, Zucchini in Scheiben schneiden. Etwas Butter in einem Topf erhitzen. Zwiebel schälen und würfeln und in der Butter bräunen, die vorbereiteten Gemüsewürfel kurz mitdünsten. Blätter des Guten Heinrich waschen und tropfnass mit in den Topf geben. Sind die Blätter zusammengefallen, sparsam mit Salz, Pfeffer und frisch geriebenem Muskatnuss würzen.
Den Teig dünn ausrollen und eine Springform damit auslegen. Es sollte ein etwas höherer Rand angedrückt werden, damit der Gemüsefond nicht weglaufen kann. Das Gemüse gleichmäßig auf dem Teig verteilen. Den fein gewürfelten Käse über dem Gemüse verteilen.
Den Gemüsekuchen 10 Minuten im vorgeheizten Backofen bei 200 °C backen (eventuell etwas länger, bis der Käse geschmolzen ist).
Während dieser Zeit die Eier trennen, das Eiweiß zu Schnee schlagen. Eigelb mit Rohrzucker,

Eischnee gelingt besonders gut, wenn dem Eiweiß eine Prise Meersalz beigefügt wurde. Hingegen lässt es sich nicht zu Schnee schlagen, wenn auch nur ein Tröpfchen Eigelb zwischen das Eiweiß gerät!

Meersalz, Muskatnuss und Öl vermischen und gut durchrühren. Eischnee und Backpulver zur Eigelbmasse geben und ebenfalls gut verrühren. Ist der Käse restlos geschmolzen, die Eiermasse über dem Gemüsekuchen verteilen und den Kuchen noch 15 Minuten weiterbacken.
Den Kuchen warm oder kalt servieren.

Guter-Heinrich-Pastinaken-Salat

200 g Guter Heinrich, frisch
2 mittelgroße Pastinaken
1 Knoblauchzehe
Saft einer halben Zitrone
2 EL Olivenöl
Thymian
Meersalz
evtl. etwas Honig oder Ahornsirup
Petersilie

Die Blätter verlesen, von den Stielen zupfen, sorgfältig waschen und nach dem Trockenschleudern in schmale Streifen schneiden. Pastinaken gründlich mit einer Bürste reinigen, grob raspeln und mit den Blattstreifen in einer dekorativen Glasschüssel vermischen. Die Knoblauchzehe mit der Knoblauchpresse pressen und darüber geben. Anschließend den Zitronensaft mit Öl und Gewürzen zu einer Salatsauce anrühren. Petersilie fein wiegen und unterziehen. Die Sauce mit dem Salat mischen und den Salat etwa 30 Minuten im Kühlschrank durchziehen lassen.
Wer es ein bisschen lieblicher mag, kann die Salatsauce mit etwas Honig oder Ahornsirup versüßen.

Guter-Heinrich-Käsepie

Für den Teig:
200 g Dinkelvollkornmehl
150 g Butter
4 EL kaltes Wasser
Butter für die Form

Für den Belag:
500 g blanchierte und gehackte Blätter vom Guten Heinrich
1 Tasse süße Sahne
6 Eier
aromatischer geriebener Käse
Majoran
geriebene Muskatnuss
Meersalz nach Geschmack
Pfeffer aus der Mühle
eventuell 1 gepresste Knoblauchzehe

Für den Pieteig das Vollkornmehl mit den Butterflocken und dem Wasser verkneten. Den Teig 30 Minuten in den Kühlschrank stellen.
Anschließend den Teig auf einer leicht bemehlten Platte dünn ausrollen. Eine hitzebeständige Form (etwa 25 × 35 cm) einfetten und den Teig hineinlegen. Mit einer Gabel Löcher in den Teig stechen. Bei 225 °C 15 Minuten im vorgeheizten Backofen backen.
In der Zwischenzeit die Blätter des Guten Heinrich blanchieren und grob hacken. Gemüse mit der süßen Sahne, den Eiern, Käse nach Bedarf und Geschmack und den Gewürzen vermengen.
Füllung auf den vorgebackenen Pieteig geben. Im vorgeheizten Backofen nochmals 15 Minuten bei 225 °C, dann etwa 20 Minuten bei 180 °C backen lassen.
Dazu schmeckt Wildreis, der mit frischen Kräutern vermischt wurde. Zu Wildreis schmecken die »Wildkräuter« Dost (Oregano) und Quendel (Feldthymian) besonders gut.

Im Porträt: Erdbeerspinat

Eine weitere, fast vergessene historische Kulturpflanze ist der Erdbeerspinat *(Chenopodium foliosum)*, der ebenfalls zur Familie der Gänsefußgewächse gehört. Beheimatet war diese Pflanze ursprünglich in Westasien und Südeuropa. Den Namen verdankt die Pflanze den kleinen roten, den Monatserdbeeren ähnlichen Früchten, die in den Blattachseln sitzen. Allerdings haben diese Beeren kaum Aroma, dafür viele kleine Kerne. Deshalb eignen sie sich zum Verzehr weniger, sind aber äußerst dekorativ. Die Pflanze an sich ist anspruchslos und kann schon ab April direkt in das vorbereitete Saatbeet gesät werden. Der Reihenabstand sollte 25 cm betragen. Die Pflanzen können auch vereinzelt und umgepflanzt werden. Erdbeerspinat wird etwa 30 cm hoch und hat ähnliche Blätter wie die Melde. Wegen der hübschen roten Beeren ist er sehr dekorativ und kann auch im Ziergarten ausgepflanzt werden. Saatgut ist im Handel erhältlich. Die jungen Blätter können laufend geerntet werden oder es können ganze Pflanzen im jungen Zustand abgeschnitten und zu Spinat verarbeitet werden.

Portulak (Portulaca oleracea)

Herkunft, Bedeutung, Geschichte

Postelein, Burzelkraut, Bürzelkraut, Bürzelkohl, Kreusel, Sauburtzel sind die vielen Namen, unter denen die Pflanze bekannt ist. Der Portulak gehört der botanischen Familie der Portulakgewächse (Portulaceae) an. Diese sind bis auf den Portulak in den Tropen heimisch. Ursprünglich soll die Pflanze bzw. deren Wildform aus Vorderasien stammen. Erste Erwähnungen stammen aus der Feder des Griechen Thephrastos (371 – 287 v. Chr.). Hildegard von Bingen hat ihn unter der Bezeichnung Burtel in der Physika erwähnt.

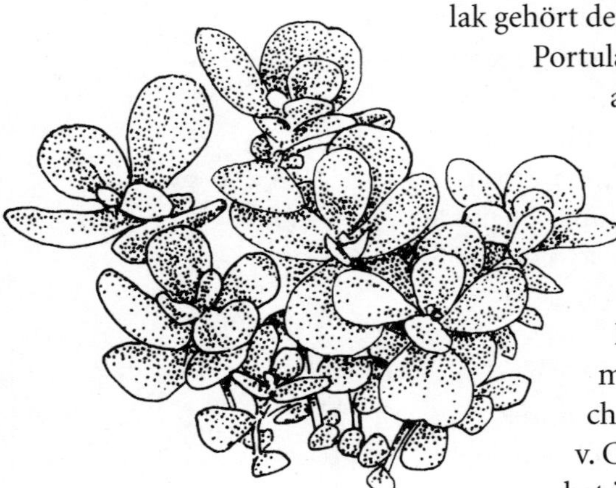

Erste schriftliche Überlieferungen zur Verwendung dieser Pflanze stammen allerdings erst aus dem späten Mittelalter. Leonhart Fuchs beschreibt Portulak in seinem Kräuterbuch und empfiehlt ihn für Salat oder medizinische Zwecke.
Portulak ist ein einjähriges Gewächs, das viel Wärme bedarf. So reagiert die Pflanze auf Temperaturen unter 10 °C empfindlich. Trotzdem galt Portulak noch bis vor ein paar Jahrzehnten als Ackerunkraut, das auch nicht vor Gartenzäunen Halt machte. Wenn man bedenkt, dass eine Pflanze etwa 10.000 Samen zu produzieren vermag, die etwa 30 – 40 Jahre im Boden ihre Keimfähigkeit bewahren, wird dies durchaus verständlich. Aber auch im Wachstum überzeugt Portulak durch seine rasante Entwicklung; er wächst sehr schnell, erst niedergestreckt, dann aufrecht zu einer

20 – 40 cm großen Pflanze heran. An seinen glatten rötlichen Stängeln sitzen glänzende, fleischig verdickte, eiförmige, stiellose, saftige Blätter von angenehmem Geschmack. Sie sind leicht knackig, etwas salzig mit nussigem Beigeschmack. Alles in allem: erfrischend. Besonders apart sind die Jungpflanzen, da sie dem vierblättrigen Kleeblatt äußerst ähnlich sind. In einem gemischten Salat überzeugen sie durch ihre besondere Bissfestigkeit.
Im Freiland braucht die Portulakpflanze von der Aussaat bis zur Ernte nur 3 – 4 Wochen. Unter optimalen Bedingungen im Gewächshaus sogar nur maximal 20 Tage. Folgeaussaaten sind zu empfehlen, damit immer frische Pflanzen vorrätig sind. Die Lagerung gestaltet sich schwierig. Im Kühlschrank sind sie nur etwa 3 Tage haltbar.
Portulak liebt einen leichten, sandigen, humosen Boden in warmer, sonniger Lage, der nicht austrocknen sollte (von Wassergaben aus der Leitung sollte wegen der Wärmebedürftigkeit der Pflanzen allerdings Abstand genommen werden!).
Da die Samen äußerst klein sind, sollten sie vor der Aussaat mit Sand vermengt werden, damit die Pflanzen nicht zu dicht auflaufen. Nach dem Auflaufen der Pflanzen wird auf 10 cm in der Reihe vereinzelt. Die erste Ernte kann bereits 4 Wochen nach der Aussaat erfolgen, da nur die jungen Pflanzen verwendet werden. Ältere Blätter schmecken bitter. Die Blätter sind je nach Sorte grün oder gelb bis goldgelb gefärbt. In der Blütezeit von Mai bis September entwickeln sich zwischen den Blättern pastellgelbe oder orange gefärbte, kleine Blüten.

Vom Portulak sollten nur die jungen Pflanzen geerntet werden, ältere Blätter schmecken bitter. Folgeaussaaten lohnen sich. Von der Aussaat bis zur Ernte dauert es ohnehin nur 3 – 4 Wochen.

Inhaltsstoffe

Neben dem hohen Karotin- und Vitamin-C-Gehalt überzeugt besonders die hohe Menge an Magnesium und Kalium.

Gesundheitlicher Wert

Ein Tee aus Portulakblättern soll bei Blasen- und Nierenleiden hilfreich sein. Portulak soll zudem Blut reinigend wirken und die Beschwerden bei Sodbrennen lindern.
Durch den hohen Gehalt an Magnesium und Kalium ist die Pflanze ein Herztonikum. Portulak enthält Omega-3-Fettsäuren und soll daher vorbeugend gegen Arterienverkalkung wirken. Übrigens: Omega-3-Fettsäuren erhöhen die Serotoninproduktion im Gehirn; das »Glückshormon« Serotonin macht gute Laune und dämpft Depressionen.
Früher würde die Pflanze hauptsächlich prophylaktisch gegen Skorbut konsumiert, da sie viel Vitamin C enthält.

In Essig und Öl angemacht soll roher Portulak dem gestressten Magen besonders gut bekommen und die Hitze nehmen.
Allerdings hat auch diese Pflanze teilweise unerwünschte Wirkungen auf den menschlichen Organismus: Es werden ihr potenzmindernde Eigenschaften nachgesagt!

Kultur

Ansprüche an Klima und Boden:
Äußerst wärmebedürftig. Gedeiht gut auf tiefgründigen, sandigen aber humosen Böden.

Standort:
Sonnig. Kommt gut mit Trockenzeiten zurecht.

Aussaattermin:
Da Portulak sehr wärmebedürftig ist, darf er nicht vor Mitte/Ende Mai gesät werden. Folgesaaten bis Ende Juli möglich. Da der Samen extrem klein ist, sollte auf eine flache Aussaattiefe (2 mm) geachtet werden.

Keimdauer:
Die Keimzeit beträgt 5 – 10 Tage.

Pflanzabstand:
10 cm × 20 cm

Pflege:
Wegen der geringen Größe der Pflanzen sollte eine Verunkrautung weitestgehend vermieden werden.

Ernte:
Sobald die Pflanzen etwa 10 – 15 cm Höhe erreicht haben, können die oberirdischen grünen Teile ganz geerntet werden. Blätter können bis zur Blüte laufend gepflückt werden.

Samengewinnung:
Je nach Aussaat bilden sich etwa ab Juni Blüten, aus denen sich schon bald die kleinen Samenkapseln entwickeln. Laufend durchernten, da sie sehr leicht von allein aufbrechen und ihren Inhalt ins Freie entlassen.

TIPP

Eine wiederholte Aussaat im Abstand von 14 Tagen sichert eine kontinuierliche Versorgung mit diesem Gemüse.

Damit laufend Portulak vorrätig ist, müssen nicht viele Nachsaaten sein – er hat ein unbändiges Verlangen sich zu vermehren! Wer bei der Ernte der Pflanzen einen Rest von etwa 2 cm über dem Boden belässt, kann schon nach kurzer Zeit von der gleichen Pflanze erneut zarte Blätter ernten.
Übrigens schieben später aus diesem »Stumpf« bis zu 5 vollentwickelte Pflanzen, die wiederum bequem zu beernten sind.

In der Küche

Portulakblätter lassen sich roh als Salat oder gedünstet als Gemüse verwenden. Als Salat zubereitet passen sie gut zu Salatgurken, Tomaten und Kopfsalat. Fein in Streifen geschnitten, als Belag auf frischem Roggenschrotbrot, kommt der feine säuerliche und leicht nussige Geschmack richtig zur Geltung. Möchte man die Blätter lieber gegart verzehren, so blanchiert man sie am besten kurz wie Spinat.

Portulak soll bei Appetitlosigkeit, Verstopfung und Ödemen helfen. Ein Tee, aus 3 – 4 EL frischem Portulak, der mit einem Liter kochendem Wasser übergossen und dann 5 Minuten gezogen ist, soll gegen Entzündungen der Verdauungs- und Harnwege helfen. 3 – 4 Tassen Portulaktee sollten dazu täglich getrunken werden. Bei solch einer »Kur« jedoch immer viel ungesüßten Tee oder Mineralwasser trinken, damit der durchspülende Effekt einsetzen kann!

Portulak-Pfirsich-Salat

Pfirsiche häuten, halbieren und in dünne Scheiben schneiden. Portulak waschen und trockenschleudern. Haselnüsse in Scheiben hobeln, Koriander grob mahlen. Essig mit Öl und den Gewürzen zu einer Marinade anrühren. Pfirsiche mit dem Portulak und der Salatsauce vorsichtig vermischen und den Salat auf vier Tellern anrichten. Haselnussöl in einer Pfanne erhitzen. Haselnussscheiben und gemahlenen Koriander darin anrösten. Den Salat mit den gerösteten Nüssen bestreuen.

4 große, reife Pfirsiche
ca. 200 g Portulakblätter
100 g Haselnüsse
1 EL Korianderkörner
2 EL Sherryessig
4 EL Haselnussöl
Meersalz
Pfeffer, grob gemahlen
Roh-Rohrzucker nach Geschmack
1 EL Haselnussöl zum Rösten

Zwiebelsuppe mit Portulak

Zwiebeln schälen und fein würfeln. Butter in einem Topf erhitzen und Zwiebelwürfel darin vorsichtig bräunen. Danach das Vollkornmehl mit etwas Beifuß in den Topf geben und ebenfalls bei geringer Hitze leicht bräunen. Mit der Gemüsebrühe, die gut eingerührt werden muss, ablöschen. Portulak waschen, putzen und fein gewiegt in die Suppe geben. Nach kurzem Aufkochen vom Herd nehmen. Mit Meersalz und Pfeffer aus der Mühle sowie etwas Knoblauch abschmecken. Vor dem Servieren mit fein gewiegter Petersilie bestreuen. Zur Suppe kann ein knuspriges Vollkorntoastbrot gereicht werden.

3 – 4 mittelgroße Zwiebeln
1 EL Butter
4 EL Dinkelvollkornmehl
Beifuß
1 l Gemüsebrühe
3 Hand voll Portulakpflänzchen
Meersalz
Pfeffer aus der Mühle
Knoblauch
frische Petersilie zum Bestreuen

Einen besonderen Geschmack bringen
2 – 3 fein gehackte Knoblauchzehen,
die mit den Zwiebeln gebräunt werden.

Gemüsesuppe mit Polenta und Portulak

Für die Polenta:
100 g feiner Maisgrieß
1 Prise Meersalz
½ l Milch (oder ¼ l Wasser, ¼ l Milch)
2 Eigelb
½ EL Butter
1 Prise Muskatnuss
1 EL Sonnenblumenkerne
1 EL gemahlene süße Mandeln
1 EL Kokosflocken
Butter für die Form

Maisgrieß in das kochende, schwach gesalzene Wasser (wahlweise mit Milch gemischt) einstreuen und mit dem Schneebesen gut verrühren. Polenta nun bei mäßiger Hitze unter ständigem Rühren kochen, bis sie dickflüssig ist. Maisgrieß vom Herd nehmen, Eigelb, Butter, Muskatnuss sowie Sonnenblumenkerne, gemahlene Mandeln und Kokosflocken unterheben.
Die Masse nun in einer ausgebutterten Gratinform gleichmäßig dünn verteilen und bei 175 °C etwa ¼ Stunde backen. Danach wird die Polenta in feine Streifen geschnitten.

Für die Gemüsesuppe:
1 Kohlrabi mit Blättern
1 Mairübe
2 mittelgroße Möhren
1 Hand voll grüne Sojabohnen
100 g Spargelerbsen
1 mittelgroße Zwiebel
3 Knoblauchzehen
1 EL Butter
3 Hand voll Portulak
Meersalz
Shoyu
Petersilie nach Geschmack

Kohlrabi, Mairübe und Möhren putzen und in appetitliche Stücke schneiden. Das zarte Grün der Kohlrabi fein wiegen. Sojabohnen und Spargelerbsen reinigen. Zwiebel schälen und fein würfeln. Knoblauchzehen durch eine Presse drücken.
Butter in einem Suppentopf erhitzen und Zwiebel sowie Knoblauchzehen darin bräunen. Mit reichlich Wasser ablöschen, wenn die Zwiebelwürfel eine gleichmäßige Farbe haben. Nun das Gemüse nebst dem Kohlrabigrün in den Topf geben und die Suppe etwa 15 Minuten bei mäßiger Hitze köcheln. Portulak waschen und fein wiegen. Suppe vom Herd nehmen und den Portulak unterrühren. Mit Meersalz und Shoyu abschmecken. Vor dem Auftragen wird die gehackte Petersilie dazugegeben. Die feinen Polentastreifen nach dem Servieren auf die gefüllten Suppentassen gegeben.

Gemüsereis mit Portulak

200 g Naturreis
Meersalz
1 EL Butter
2 EL Olivenöl
1 mittelgroße Mairübe
2 Möhren
4 Schalotten
2 Hand voll Puff- oder grüne Sojabohnen, ausgepult
etwas Salz
Olivenöl für die Pfanne
Petersilie
Borretsch
2 Hand voll Portulak

Den Reis in der doppelten Menge Wasser aufkochen und etwa 20 Minuten garen. Dabei etwas Meersalz sowie die Butter untermischen. Mairübe und Möhren reinigen und grob raspeln. Schalotten fein wiegen. Puffbohnen in etwas Salzwasser vorgaren.
Olivenöl in einer Pfanne erhitzen und das Gemüse und die abgetropften Puffbohnen hineingeben. Schwach salzen. Das Gemüse bei kräftiger Hitze unter häufigem Rühren schmoren, bis es weich, aber noch bissfest ist. Den gegarten Reis in eine dekorative Glasschüssel geben und vorsichtig mit Pfannengemüse sowie den fein gewiegten Kräutern und dem gehackten Portulak vermengen.

Zum Gemüsereis passt ein bunter Salat und Spargelerbsengemüse (siehe dazu Rezept Seite 93) besonders gut.

Im Porträt: Nachtkerze

Die zweijährige Nachtkerze *(Oenothera biennis)* ist in der Natur häufig anzutreffen. Sie findet sich oft entlang von Straßen und Gräben. Ursprünglich soll sie in Peru beheimatet gewesen sein und Anfang des 17. Jahrhunderts ihren Weg von Nordamerika nach Europa gefunden haben. Sie wurde früher häufig als Wurzelgemüse angebaut und galt als nahrhaft und wohlschmeckend. Allerdings, wissen »Nachtkerzenkenner« zu berichten, waren die damaligen Sorten nicht mit dem Überbleibsel der heutigen Zeit vergleichbar, da die Anlage zur Speisewurzelbildung bei den »modernen« Pflanzen kaum noch vorhanden ist. Dies ist eine Behauptung, die ich anhand zahlreicher Experimente nur bestätigen kann, da selbst unter besten Bedingungen – lockerer, tiefgründiger humoser Boden, der nicht austrocknete – kein befriedigendes Ergebnis erzielt werden konnte, also mickrige, mehr oder wenig stark verästelte Wurzeln zutage kamen. Hier könnte züchterische Pionierarbeit geleistet werden! Es soll noch zwei Sorten geben, bei denen sich ein Anbau zu Speisezwecken lohnt: »Große gelbe Salat-Rapontika« und »Kleine feine weiße Rapontika«, ein gut sortiertes Fachgeschäft könnte da vielleicht einen Samenlieferanten empfehlen!

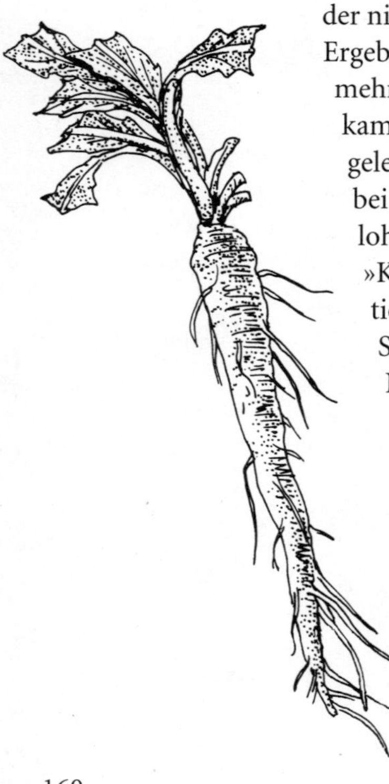

Natürlich ist der Verzehr der schmackhaften Wurzel unbedingt eine Erfahrung wert und ein absolutes Muss für einen Gemüsegartenfreak. Sie kann roh oder gegart genossen werden und erinnert im Geschmack ein wenig an Sellerie und ein wenig an Schwarzwurzel. Im Garten sollte der Samen nicht vor Mai in die Erde kommen, da die Pflanze sonst noch im ersten Jahr nur eine Blüte bilden und das

Ausbilden einer kräftigen, total aromatischen Wurzel schier vergessen könnte. Stattdessen gleicht das bräunliche Gebilde der Wurzel dann mehr einem Strunk Holz, der in der Erde lag – so etwas kann man beim besten Willen nicht essen! Da die Wurzeln winterhart sind, können sie bis März im Beet bleiben. Solange noch keine Blütenstängel geschoben haben, sind sie brauchbar.

Allerdings entschädigt die überaus reiche Blütenbildung aber auch für die verlorene Gaumenfreude. Eine verblüffende Vielzahl schöner großer, gelber, stark duftender Blüten werden von Juni bis in die Septembertage hinein gebildet. Diese Blüten öffnen sich erst in den frühen Abendstunden, wenn die Sonne bereits untergegangen ist. Jeden Abend öffnen sich neue Blüten, verführen mit ihrem betörenden Duft Insekten, um am darauf folgenden Tag abzusterben. Aus diesen Blüten entwickeln sich im Laufe eines Sommers die zahlreichen Samenschoten. In ihnen reifen viele kleine schwarze Samen heran. Diese Samen liefern das teuerste Samenöl der Welt. Es enthält insbesondere die Gamma-Linolensäure, die außer in der menschlichen Muttermilch nur in sehr wenigen Pflanzen vorkommt.

Seit 1995 werden nun auch in Thüringen erste Anbau- und Sortenversuche mit der Nachtkerze unternommen. Das Zentrum Nachwachsende Rohstoffe der Thüringer Landesanstalt für Landwirtschaft in Dornburg experimentiert, dank des im Jahre 2000 eingeweihten Extraktions-Technikums, nicht nur mit der Gewinnung sekundärer Pflanzeninhaltsstoffe. Es sucht auch nach einem Weg, landwirtschaftliche Produkte aus heimischem Anbau so weit zu veredeln, dass diese für die weiterverarbeitende Industrie von Bedeutung sind. Die Einsatzgebiete des Öls sind vielfältig und reichen von der Kosmetik über Nahrungsmittel bis hin zur Heilkunde.

Die Wurzeln der Nachtkerze können ähnlich wie Schwarzwurzeln zubereitet werden. Beim Schälen der dünnen Wurzeln ist jedoch Geduld erforderlich. Bis eine komplette Mahlzeit zusammen kommt, dauert es eine Weile!

Ein Wort zum Schluss

Eigentlich bedarf es nun am Ende dieses Buches keines Wortes mehr, wenn da nicht die Worte des Dankes dringend geboten wären.
So danke ich denn:
Allen guten und fleißigen Menschen, die tagtäglich bemüht sind, etwas für die Nachkommen zu bewahren, Kultur zu erhalten, Tradition zu pflegen, sei an dieser Stelle von Herzen gedankt – bitte ihr Fleißigen, bisweilen furchtbar Eigensinnigen, hört nicht auf damit!
Den Liebenswürdigen, die mich – ohne groß zu fragen und zu lamentieren – unterstützt, die Gartentür geöffnet und ein paar Heiligtümer hervorgekramt haben, meinen herzlichsten Dank – seid versichert, ihr Lieben, dass ich dies zu schätzen weiß!
Andrea Biertümpfel vom Thüringer Zentrum Nachwachsende Rohstoffe der Thüringer Landesanstalt für Landwirtschaft in Dornburg danke ich, ebenso Christina Henatsch von Kultursaat e.V. und Frau Beate Koller, Gesellschaft zur Erhaltung und Verbreitung der Kulturpflanzenvielfalt in Österreich, stellvertretend für die vielen, die mich bei meiner Recherche unterstützt haben und denen ich auch auf diesem Weg danken möchte.
Nicht vergessen möchte ich an dieser Stelle Ursula Winkelmann und Carola Sedlacek vom Verein Gemüse und Kräuter der Goethezeit Rapontica e. V. – es tut gut, dass es solch wunderbare Menschen gibt!

Heide Haßkerl

Die Autorin

Heide Haßkerl ist 1960 in Mühlhausen/Thüringen geboren. Nach ihrer landwirtschaftlichen Ausbildung entschied sie sich für ein umweltpädagogisches Studium. Von 1985 bis 1995 arbeitete sie in umweltpädagogischen Projekten. Heute lebt sie auf einem ökologisch bewirtschafteten Bauernhof in Nordhessen. Heide Haßkerl engagiert sich dafür, dass die einstmals bedeutsamen Kulturpflanzen nicht verloren gehen und setzt so ein Gegengewicht zu der fortschreitenden Gen-Erosion.
Neben ihrem Engagement als Biobäuerin ist sie als Schriftstellerin tätig. Sie schreibt Romane, Erzählungen, Hörspiele und Kurzgeschichten sowie Beiträge für Fachzeitschriften.
Im pala-verlag ist von Heide Haßkerl das Buch »Holunder, Dost und Gänseblümchen …« erschienen.

Deutsche und lateinische Pflanzennamen

		Seite
Dicke Bohne (Puffbohne)	Vicia faba	78
Erdbeerspinat	Chenopodium foliosum	151
Guter Heinrich	Chenopodium bonus-henricus	142
Haferwurzel	Tragopogon porrifolius	53
Helianthi	Helianthus strumosus	40
Herbstrübe	Brassica rapa L. var. rapa subvar. Esculenta	113
Kerbelrübe	Chaerophyllum bulbosum	124
Mairübe	Brassica rapa L. var. Rapifera	100
Mangold	Beta vulgaris var. vulgaris / flavescens	134
Mauswicke	Vicia narbonensis	96
Melde	Atriplex hortensis	126
Nachtkerze	Oenothera biennis	160
Pastinake	Pastinaca sativa	41
Portulak	Portulaca oleracea	152
Quinoa	Chenopodium quinoa	108
Schwarzwurzel	Scorzonera hispanica	63
Sojabohne	Glycine max. Merr.	65
Spargelerbse	Tetragonolobus purpureus	87
Stielmus	Brassica rapa. L. var. Rapifera	118
Teltower Rübchen	Brassica rapa subvar. pygmaea	110
Zuckerwurzel	Sium sisarum	51

Rezeptindex

Adressen rund ums Thema

Zum Stand der Entwicklung der Gentechnik:

Oeko-Institut e.V.
Institut für angewandte Ökologie
Freiburg – Darmstadt – Berlin
Bereich Gentechnik
Postfach 6226
D-79038 Freiburg
Tel. (07 61) 45 29 53 7
Fax (07 61) 47 54 37
gentechnik@oeko.de
www.oeko.de

Zur Arbeit an einem umfassenden Sortiment an vitalen, charakterstarken Gemüsesorten:

Kultursaat e. V.
Auguste-Viktoria-Straße 4
D-61231 Bad Nauheim
Tel. (0 60 32) 91 86 17
Fax (0 60 32) 91 86 22
KaHeinze@t-online.de
www.kultursaat.de
(Zusammenarbeit mit biol.-dyn. arbeitenden Züchtern)

Hobbygartenbau, Gärten und Musterbepflanzung:

Fachhochschule Weihenstephan
Staatliche Versuchsanstalt für Gartenbau
Am Staudengarten 9
D-85350 Freising
Tel. (0 81 61) 71 45 41
Fax (0 81 61) 71 44 17
info@fh-weihenstephan.de
www.fh-weihenstephan.de/va/

Vereine, die sich für den Erhalt alter Kulturpflanzen stark machen:

VERN e.V.
Verein zur Erhaltung und
Rekultivierung von Nutzpflanzen
in Brandenburg
Burgstraße 20
D-16278 Greiffenberg
Tel. (03 33 34) 7 02 32
Fax (03 33 34) 8 51 02
vern_ev@01019freenet.de
www.vern.de

Arche Noah
Gesellschaft zur Erhaltung und
Verbreitung der Kulturpflanzen-
vielfalt
Obere Straße 40
A-3553 Schloss Schiltern
Tel. +43 27 34-86 26-0
Fax +43 27 34-86 27
info@arche-noah.at
www.arche-noah.at

VEN e.V.
Verein zur Erhaltung der
Nutzpflanzenvielfalt e. V.
Sandbachstraße 3
D-38162 Schandelah
Tel./Fax (0 53 06) 14 02
ven.nutz@gmx.de
www.nutzpflanzenvielfalt.de

SAVE Foundation
Head Office
Paradiesstraße 13
D-78462 Konstanz
Deutschland
Tel. (0 75 31) 45 59 40
office@save-foundation.net
www.save-foundation.net/
(Europ. Dachorganisation,
kein Saatgutaustausch)

Rapontica. Gemüse und Kräuter der Goethezeit e.V.
Rainer Kolbmüller
Bonhoeffer Straße 24
D-99427 Weimar
Tel. (0 36 43) 42 73 76
rapontica@gmx.de

BUNDumweltzentrum Bad Langensalza
Burggasse 10/11a
D-99947 Bad Langensalza
Tel. (0 36 03) 81 31 25
Fax (0 36 03) 81 31 25
kontakt@bundlsz.de
www.bundlsz.de

Pro Specie Rara-Sekretariat
Engelgasse 12a
CH-9000 St. Gallen
Tel. +41 71-2 22 74 20
Fax +41 71-2 23 74 01
www.genres.de/psr/psr.htm

Bezugsadressen für Gemüsesaatgut alter Kulturpflanze:

Dreschflegel
Postfach 1213
D-37202 Witzenhausen
Tel. (0 55 42) 50 27 44
Fax (0 55 42) 50 27 58
dreschflegel@biologische-saaten.de
www.dreschflegel-saatgut.de

Bingenheimer Saatgut AG
(ehemals Allerleirauh)
Kronstraße 24
D-61209 Echzell
Tel. (0 60 35) 18 99-0
Fax (0 60 35) 18 99-40
info@oekoseeds.de
www.oekoseeds.de

Bio-Saatgut
Ulla Grall
Eulengasse 3
55288 Arnsheim
Tel. (0 67 34) 96 03 79
Fax (0 67 34) 96 00 14
beratung@bio-saatgut.de
www.bio-saatgut.de
(zahlreiche Sorten und Raritäten)

grüner Tiger
Versandhandel
Pfarräckerstraße 13
D-90522 Oberasbach
Tel./Fax (09 11) 69 84 30
info@gruenertiger.de
www.gruenertiger.de

sativa Rheinau GmbH
Klosterplatz
CH-8462 Rheinau
Tel. +41 52 304 91 60
Fax + 41 52 304 91 61
sativa@sativa-rheinau.ch
www.sativa-rheinau.ch

Bezugsquelle für Allesdrescher (für Kleinstmengen geeignet):

Kurt Pelz – Maschinenbau
Holzemer Straße 24
D-53343 Wachtberg-Villip (Bonn)
Tel./Fax (02 28) 32 52 88

Öffentliche Einrichtungen, in denen alte Kulturpflanzen kultiviert und die Verwendungsmöglichkeiten erläutert werden:

Ökogarten Quedlinburg
Ökogarten Quedlinburg
Wipertistraße 5
D-06484 Quedlinburg
Tel. (0 39 46) 70 75 10

Thüringer Landesanstalt für Landwirtschaft
Schaugarten »Alte Kulturpflanzen, Nachwachsende Rohstoffe, Bienenweidepflanzen«
Apoldaer Straße 4
D-07778 Dornburg
Tel. (03 64 27) 8 68-0
Fax (03 64 27) 2 23 40
a.biertuempfel@dornburg.tll.de
oder c.pikus@dornburg.tll.de
www.tll.de/ainfo

Kreismuseum des Landkreises Harburg
Freilichtmuseum am Kiekeberg
Am Kiekeberg 1
D-21224 Rosengarten-Ehestorf
Tel. (0 40) 79 01 76 83
Fax (0 40) 7 92 64 64
info@kiekeberg-museum.de
www.kiekeberg-museum.de

Freilichtmuseum Diesdorf
Molmker Straße 23
D-29413 Diesdorf
Tel./Fax (0 39 02) 4 50

Börde-Museum
Burg Ummendorf
Meyendorffstraße 4
D-39365 Ummendorf
Tel. (03 94 09) 5 22
Fax (03 94 09) 9 38 63
boerde-museum@t-online.de
www.boerde-museum-burg-ummendorf.de

Hessische Staatsdomäne Frankenhausen
Schaugarten auf der Domäne Frankenhausen
D-34393 Grebenstein
Tel. (05 61) 8 04-32 07
Fax (05 61) 8 04-31 80
kab@uni-kassel.de

Heimatmuseum Kölleda
Museums- und Schaugarten
Roßplatz 39
D-99625 Kölleda
Tel. (0 36 35) 48 28 87

Bio-Saatgut

Saatgut aus biologischem Anbau

Den „Geschmack von früher" wieder entdecken, die Vielfalt der Alten Sorten in die Gärten holen, eine Renaissance der Genüsse erleben...

Saatgut für ambitionierte Hobbygärtner mit dem Sinn für das Besondere:
Tomaten, Kürbisse, Salate und Kräuter, Hülsenfrüchte, Wurzelgemüse und Bauerngarten-Blumen...
Unser Saatgut stammt aus kontrolliert biologischem Anbau, besonderen Wert legen wir auf langjährige Vermehrung unter den Bedingungen des ökologischen Landbaus.

Entdecken Sie die Vielfalt für Ihren Garten!
Katalog & Sortenliste gegen Einsendung von 3 Euro
(gerne in Briefmarken)

Bio-Saatgut
Ulla Grall
Eulengasse 3
55288 Armsheim
Tel.: 06734-960379
e-mail: ulla.grall@t-online.de

Beratung und Katalog online:
www.bio-saatgut.de

Schätze aus der Natur

Wer Pizza mag, kennt Majoran. Aber wussten Sie, dass auf der Wildblumenwiese in Ihrer Nähe möglicherweise unsere einheimische Variante wächst, der »wilde Majoran« oder »Dost«? Vielleicht möchten Sie ja beim nächsten Spaziergang in der Natur gleich ein paar leckere Kräuter fürs Abendessen mitnehmen. Dann lassen Sie sich doch von diesem Buch leiten.

Heide Haßkerl bietet nicht nur zahlreiche vegetarische Rezepte rund um 30 Wildpflanzen an, sondern gibt auch Tipps zum Bestimmen und Sammeln. Dazu beschreibt sie geeignete Methoden der Haltbarmachung, z. B. Trocknen und Einlegen, erläutert die Schritte der Weinbereitung und erklärt den Entstehungsprozess von Gelees, Marmeladen und Sirup. Alte Bräuche runden das Buch ebenso ab wie persönliche Anekdoten aus früheren, noch naturverbundeneren Zeiten sowie die vielen Hinweise auf heilkräftige Wirkungen der jeweiligen Pflanzen.

Heide Haßkerl: **Holunder, Dost und Gänseblümchen…**
Vegetarische Rezepte mit wilden Kräutern und Früchten
Hardcover, 176 Seiten, ISBN 3-89566-149-X

Vegetarisches aus aller Welt

Yashoda Aithal:
Vegetarisch kochen – indisch
ISBN: 3-89566-153-8

Angelika Krüger:
Vegetarisch kochen – international
ISBN: 3-89566-117-1

Gertrud Dimachki:
Vegetarisches aus 1001 Nacht
ISBN: 3-89566-169-4

Petra und Joachim Skibbe:
Toskana
vegetarisch genießen
ISBN: 3-89566-156-2

Vollwertig, vegetarisch, gesund

Klaus Weber:
Das Buch vom guten Pfannkuchen
ISBN: 3-89566-151-1

Jutta Grimm:
Brotaufstriche selbst gemacht
ISBN: 3-89566-165-1

Irmela Erckenbrecht:
Zucchini
ISBN: 3-89566-131-7

Petra und Joachim Skibbe:
Köstliche Kürbis-Küche
ISBN: 3-89566-150-3

Gesamtverzeichnis bei:
pala-verlag, Rheinstraße 37, 64283 Darmstadt, www.pala-verlag.de

© 2002: pala-verlag,
Rheinstr. 37, 64283 Darmstadt
www.pala-verlag.de

ISBN: 3-89566-174-0
Lektorat: Barbara Reis
Umschlag- und Innenillustration: Margret Schneevoigt
Satz und Gestaltung: Verlag Die Werkstatt, Göttingen
Druck: fgb • freiburger graphische betriebe
www.fgb.de
Dieses Buch ist auf Recyclingpapier
aus 100 % Altpapieranteilen gedruckt